JN191844

続 作って，遊んで，理科がわかる！

身近な素材で楽しむ

KOUSAKU KYOSHITSU 工作教室

応用物理学会東海支部
高井吉明
編著

日本評論社

1章では，とても重たいものでもストローから息を吹き込むだけで持ち上げる不思議な怪力ボックスを作ります

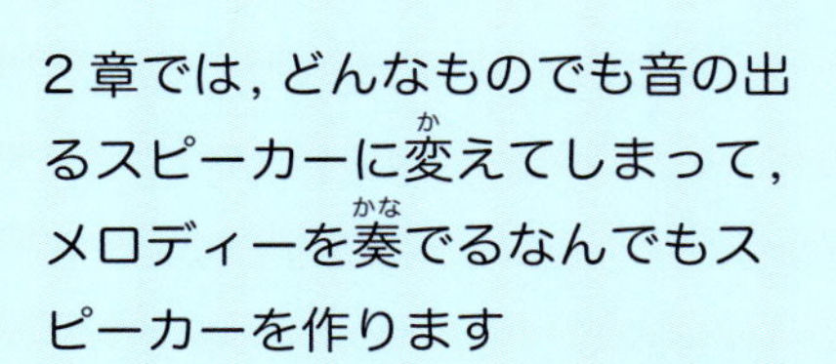

2章では，どんなものでも音の出るスピーカーに変えてしまって，メロディーを奏でるなんでもスピーカーを作ります

3章では，身近にあるゴムシート磁石を使って，紙相撲の現代版，恐竜バトルを作ります。どっちの恐竜が勝つかな？

4章では，ネオジム磁石という最強の球磁石とスチール球を使って，ロケットを打ち上げるガウスロケットを作ります

5章では，乾電池の代わりにとても軽い電気をためるコンデンサを使って，プロペラを回転させながら回るCDコマを作ります

6章では，向かい風でも風に向かって進む風力自動車を作ります。風車は紙コップで作り，輪ゴムで車輪を回します

7章では，息を吸ったり，吐いたりすると紙コップのピストンが動き，円板が回るスーパーエンジンを作ります

8章では，円筒の中を転がる大きなビー玉レンズによって，LED光で照らされた周りの模様が次々と変わって見える，動くLEDビー玉レンズを作ります

9章では，LEDの青い光がビー玉で集められ，透明なある液体に入射されると緑色に変化するルミネサーベルを作ります

10章では，3原色に光るLEDが紙コップの中に作り出す綺麗な光の宇宙を，回折格子フィルムとミラーで表現するLED万華鏡を作ります

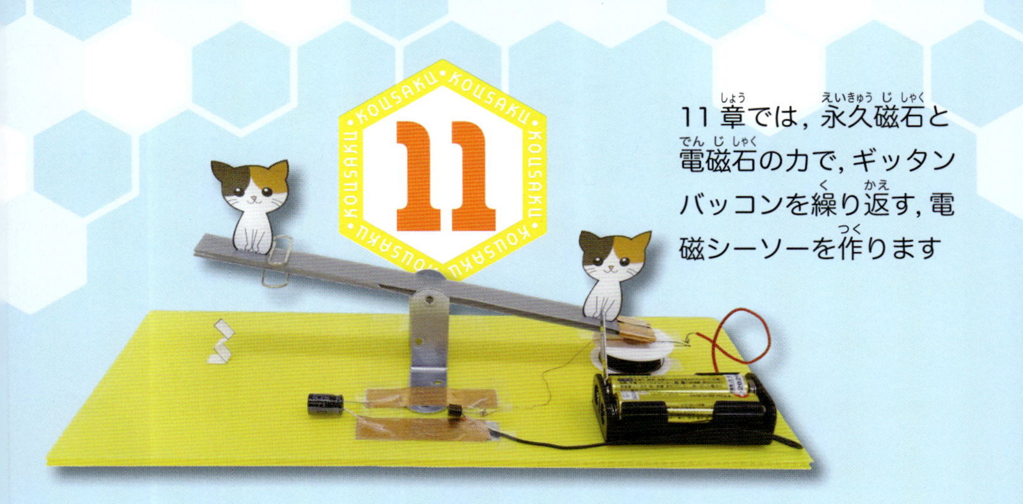

11章では，永久磁石と電磁石の力で，ギッタンバッコンを繰り返す，電磁シーソーを作ります

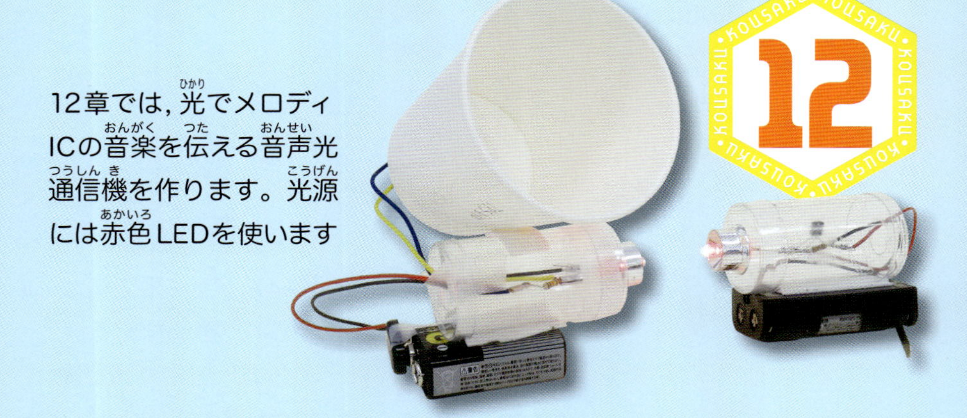

12章では，光でメロディICの音楽を伝える音声光通信機を作ります。光源には赤色LEDを使います

13章では，UV文字，色文字，ステレオ文字，砂鉄文字の4種類の文字で書かれた暗号を，自分で作ったそれぞれの解読器で読み取り，ゴールを目指すサイエンスアドベンチャーゲームを紹介します

この本で作る楽しい工作の紹介

この本は，2009年に出版した，『作って，遊んで，理科がわかる！身近な素材で楽しむ工作教室』の続編です。その後に考案したいろいろな工作を選んでいます。これらの工作は，応用物理学会という団体にいる人たちがみなさんのために考えたものです。これらの人たちは科学の原理を追求したり，身の回りのいろいろな製品のしくみを考えたりしている理科の専門家です。

この本の特徴は，これらの理科の専門家が自分で考えたオリジナルの工作についてその作り方や，遊び方が書いてあることです。また，おうちの方といっしょに読むページや，おうちの方向けに工作の原理を説明したページも，それぞれの工作のいちばん最後に書いてあります。手に入りにくい工作材料がほしい場合や，作り方がわからない場合は，この理科の専門家に教えてもらえます。この本の巻末に書いてあるホームページを見てください。本文中に※印を付けてあるものはその設計図（型紙）を見ることができます。また，材料の入手先などの他，写真や動画も同じホームページで見ることができます。

この本では，1章から3章までが小学校低学年向け，4章以降が小学校高学年や中学生向け，8章から12章までが電子部品を使う工作です。13章は科学的な道具を自分で作り，それを使ってゴールを目指すオリエンテーションです。ただし，この分類は必ずしも厳密ではないので，いろいろな工作に挑戦してみましょう。さあ，楽しい工作の世界のページをあけてみましょう！

この本の読み方

どんなものを作るのかな？

最初のページに工作の簡単な説明と完成した作品の絵があります。その工作が簡単か手間がかかるかなども書いていますので，どれを作るかを決めるときによく読んでください。

工作をはじめる前に！

道具も使い方をまちがえるとけがをします。むずかしい部分はおうちの方といっしょに作りましょう。

保護者の皆様へ

各章の最後に，お子様と一緒に読んでいただくページと保護者の皆様に読んでいただきたいページがあります。巻末には手に入りにくい工作材料について，あるいは工作についての問い合わせ先などを書きましたので，参照してください。

工作提案・執筆など担当者の紹介

高井吉明
(たかい よしあき)

編者・執筆担当………1章(共著),5章,ホームページ担当

愛知工業大学大学院・客員教授,
名古屋大学・名誉教授,豊田工業高等専門学校・名誉教授
文部科学大臣表彰(科学技術賞理解増進部門)

天野 浩
(あまの ひろし)

執筆担当………2章

名古屋大学未来材料・システム研究所・教授,
未来エレクトロニクス集積研究センター長,赤﨑記念研究センター長
ノーベル物理学賞受賞

池田浩也
(いけだ ひろや)

執筆担当………4章,13章

静岡大学大学院総合科学技術研究科・准教授

岡島茂樹
(おかじま しげき)

執筆担当………8章,10章,12章

中部大学・名誉教授
文部科学大臣表彰(科学技術賞理解増進部門)

近藤英一
(こんどう えいいち)

執筆担当………7章

山梨大学大学院工学研究科・教授

佐藤英樹
(さとう ひでき)

執筆担当………6章

三重大学大学院工学研究科・准教授

竹岡千穂
(たけおか ちほ)

人物・イラスト担当

漆工芸作家

中野寛之
(なかの ひろゆき)

執筆担当………9章

愛知工業大学工学部・准教授

羽渕仁恵
(はぶち ひとえ)

執筆担当………11章

岐阜工業高等専門学校・教授

藤原絢子
(ふじわら あやこ)

執筆担当……… 1章(共著)

公益社団法人応用物理学会東海支部・理科教室担当

藤原裕司
(ふじわら ゆうじ)

執筆担当………3章

三重大学大学院工学研究科・准教授

Contens
もくじ

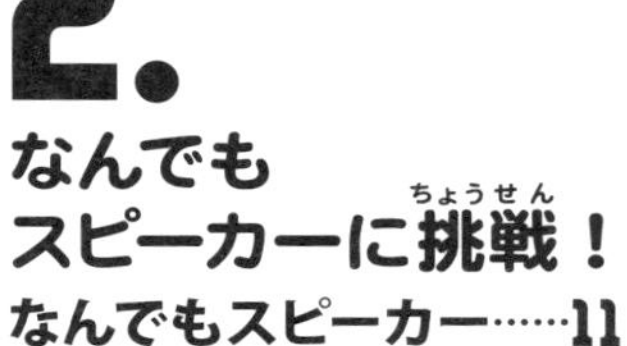

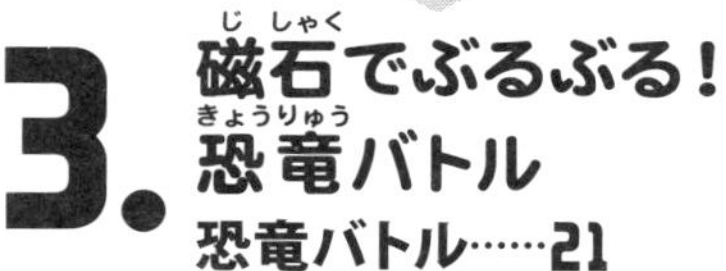

KOUSAKU

工作提案者からのメッセージ

No.	提案者	メッセージ
1		ストローで息を吹き込むだけで重いものが持ち上がる怪力ボックス，いろいろと試してみてください。
2	天野 浩	身近なものがスピーカーに変身する，なんでもスピーカー，楽しんで工作してください。
3	藤原裕司	ゴムシート磁石を使った現代版の紙相撲でシート磁石の不思議さを体験してください。
4	池田浩也	磁石の力を使ったガウスロケットの工作を提案しました！　楽しんでください。
5		プロペラで勢いよく回るCDコマ，乾電池の代わりにコンデンサを使っています。
6		風に向かって進む車って，なんだか不思議だと思いませんか。
7	近藤英一	このエンジンを使った工作ができたら写真を送ってね。
8	岡島茂樹	自己点滅3原色LED，ミラー，2次元回折格子の組合せで紙コップの中に綺麗な光の宇宙を作りましょう。
9		光の性質も学べるルミネサーベル（光の剣）を考えました。暗い所で見てください。とても綺麗です。
10	岡島茂樹	透明円筒の中を動くビー玉レンズが作る次々と変わるカラフル映像を楽しみましょう。
11		手を触れなくても電気の力で物が動く工作，電磁シーソーを考えました。
12	岡島茂樹	LED 光送信機とフォトトランジスター光受信機を作って，光通信に挑戦しましょう。
13	池田浩也	サイエンスアドベンチャーというクイズを解きながら科学を楽しむゲームを提案しました。
人物イラスト	竹岡千穂	新たなひらめきに出会えますように！

力持ちの怪力ボックスを作ろう！

怪力ボックス

ストローに息を吹き込むだけで，とても重たいものを持ち上げる？ 2L（リットル）の水が入ったペットボトルをなん本も持ち上げることができるよ！

「怪力ボックス」って，どんなものなのかな？

怪力ボックスのふたをあけるとその中に，ビニールの袋が入っていて，それにストローがつないであるのが見えます。使う材料はそれだけです。

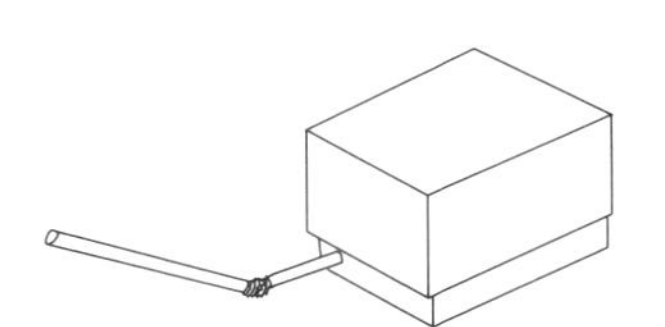

怪力ボックスにはストローがついています。その上には水のいっぱい入ったペットボトルがのっています。左上の絵のように，ストローに息を吹き込むと箱のふたが持ち上がり重いペットボトルを持ち上げることができるのです。

この工作は小学校低学年以上向きです。

さあ、作ってみよう！
準備するものは何かな？

どんな材料がいるのかな？

● 紙の箱　1個

お菓子などが入っていた紙の箱で，
ふたが分かれるものを使います。

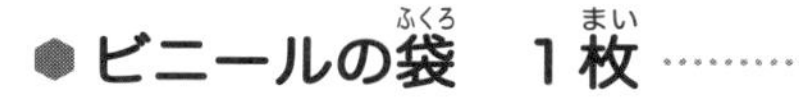

● ビニールの袋　1枚

紙の箱に入るくらいの大きさの袋を
探そう。

● 曲がるストロー　1本

直径6 mm。じゃばらがついていて，自由に曲がるもの。

どんな道具がいるのかな？

はさみ

目打ち

セロハンテープ

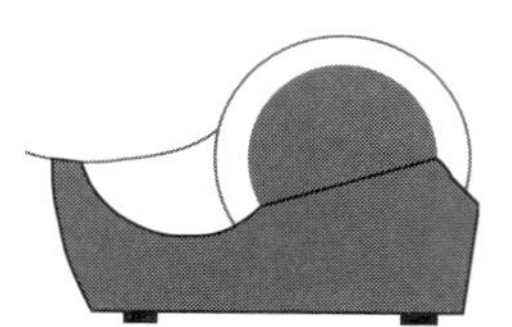

怪力ボックスの中身を作ろう

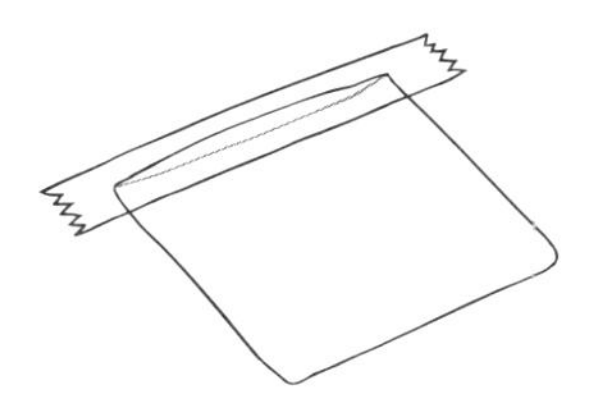

ビニールの袋の開いた口にセロハンテープを貼り付けます。上と左右に少し，はみだすようにね。

ビニールの袋の反対側にセロハンテープを折り曲げ，空気がもれないように貼り付けます。

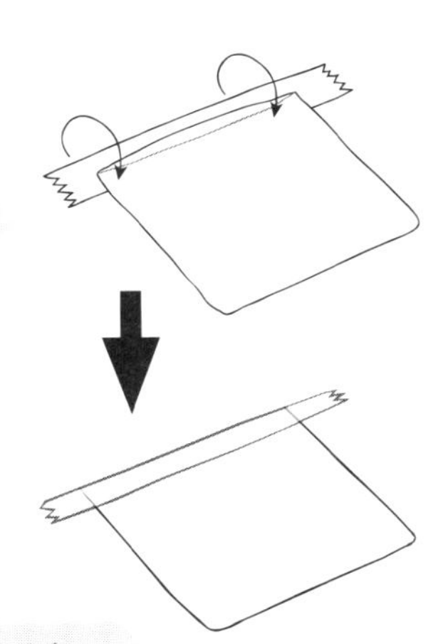

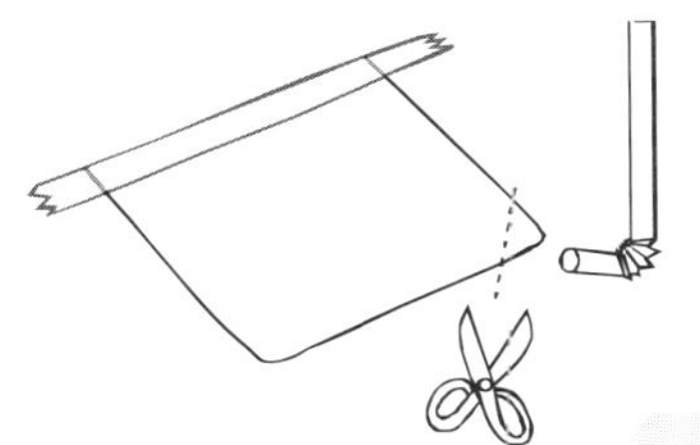

ビニールの袋の角をストローが入るようにはさみで切ります。

その穴にストローのじゃばらに近い端を差し込み，空気がもれないようにセロハンテープでとめます。

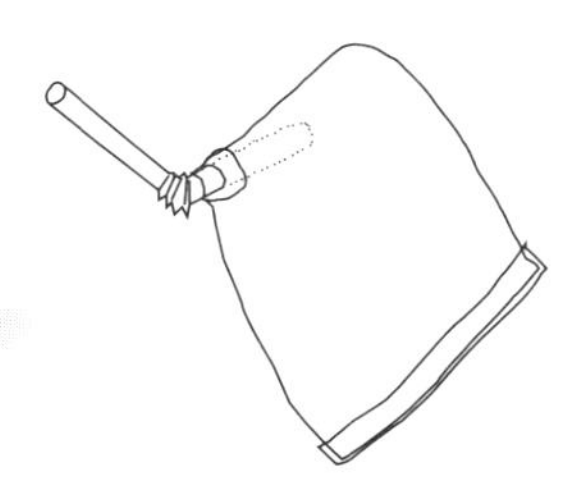

でき上がり！　息を吹き込んでも空気がもれないかどうか，たしかめよう。

怪力ボックスを組み立てよう

箱の下の方で，角に近い部分にめうちで穴をあけます。あけた穴に内側からストローを通します。

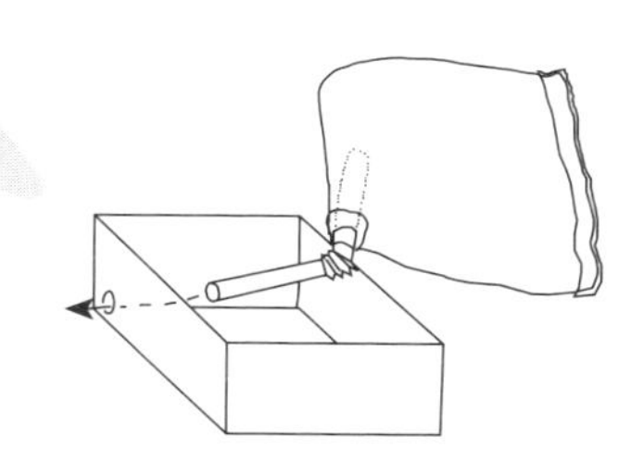

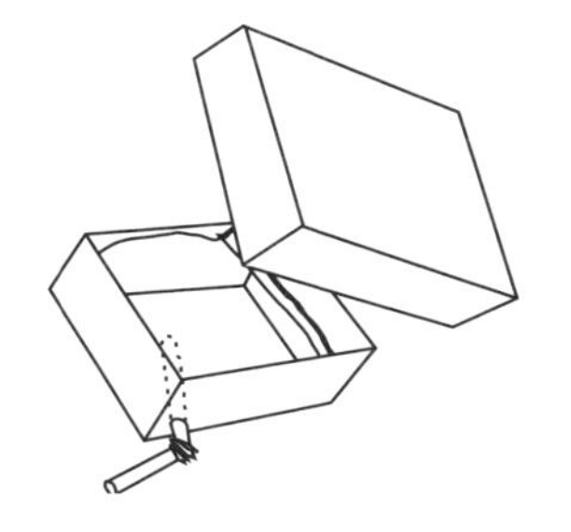

このようにストローを引き出して，ふたをかぶせたら，でき上がり！

怪力ボックスがどんなに力持ちか，たしかめてみよう

近くになにか重い物がないかな？　探してみよう。本とか，お茶の入ったペットボトルなどのように落としてもこわれない重い物を探そう。底が平らなものがいいよ。どれか選んだら，それを怪力ボックスの上にのせて，その力をたしかめよう。

すごーい！
2リットルも水が入った
重いペットボトルが持ち上がるなんて！
フー！　って思い切り
ストローに息を吹き込んだ
だけなのに？

どうして，こんなに重いものが簡単に持ち上がるの？

ストローを口にくわえたら手の指にむけ，フー！って息を吹きかけけてごらん。指が息で押される感じがしますね。吹きかける息の力が指を押しているのです。この押しつける力は「圧力」と呼ばれています。

それでは，この「圧力」について勉強しましょう。2つの同じペットボトルに同じ量だけ水を入れます。図のように1つのペットボトルは底を下にして，もう1つは，ふたを下にして，スポンジの上に置いてみよう。どっちのスポンジがたくさんへこむかな？

中の水の重さは同じなのに，ふたを下にするとスポンジがよくへこむね！

そうか！
ふたの方が底より
面積が小さいからだね！
面積が関係しているんだ！

このように同じ重さでも面積が大きければ面積の大きな分だけ圧力は小さくなります。

もう1つ実験してみましょう。1つのペットボトルには水をいっぱいまで入れて，もう1つには半分まで水を入れる。どうなるかな？

水が半分！

水がいっぱい！

水がいっぱいで，
重い方がよくへこむわ！

なるほど！
スポンジのへこみかたには，
重さと面積の両方が
関係するということなの？

また，圧力はストローの内側やストローにつないだビニールの袋の内側にも同じ大きさで伝わります。そのため，小さな面積の面と大きな面積の面をくらべると，大きな面積の面のほうに全体としてより大きな力がかかります。

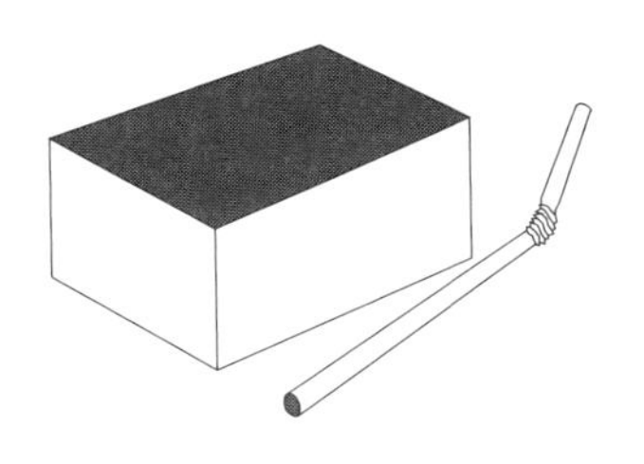

ビニールの袋の面積は大変大きいので，袋全体にかかる力はその分だけ大きくなり，その力で箱のふたを押し上げます。

このしくみは，
1653年にフランスの物理学者パスカルが
発見したもので，パスカルの原理と呼ばれ，
後から説明するように，いろいろなところで
使われているのじゃ。

そうなんだ！

この後は，お父さんやお母さんと一緒に読んで，一緒に考えてください。

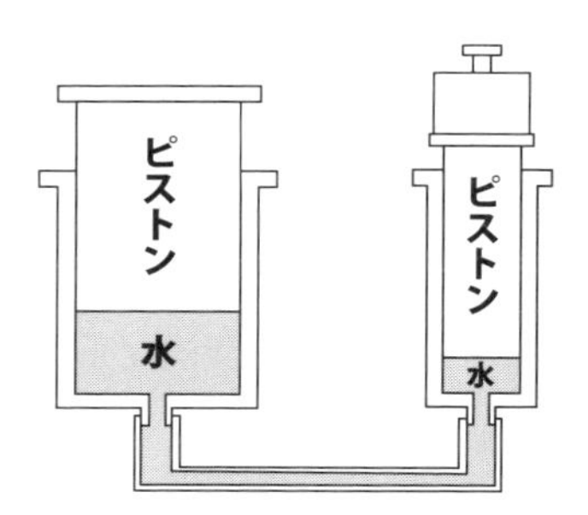

力が働いている面積に対する力の割合を「圧力」とよびます。

つぎに「圧力」がどのように伝わるのかを考えてみよう。図のような太さの違う2つの注射器がビニールチューブでつながっています。この両方の注射器とビニールチューブの中には水が入っていて，片方の注射器のピストンにおもりをのせるとこのピストンは下がりますが，もう一方の注射器のピストンが上がります。ピストンを押すおもりの力がビニールチューブの中を伝わって，もう一方の注射器に伝わるからだね。

それでは，太い注射器のピストンにどんなおもりをのせたら，2つの注射器のピストンがつりあって動かなくなるでしょう。細い注射器にのせたおもりにくらべて，それより重いおもりと軽いおもりのどちらをのせたらいいかな？

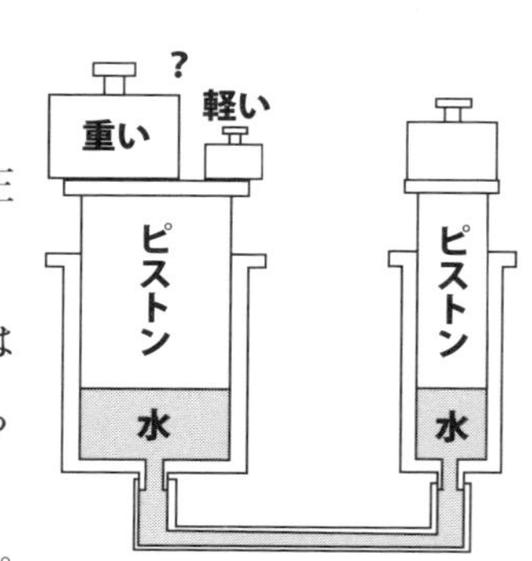

答えは，「重いおもり」だよ。

どうしてかな？ 5ページで勉強した「圧力」で考えてみよう。

おもりをのせた細い注射器のピストンはこのおもりの重さをピストンの面積でわった「圧力」で水を押します。この「圧力」は，ビニールチューブと注射器の内側そしてピストンの底など，どの面にも同じ大きさで伝わります。

この「圧力」が太い注射器のピストンに伝わったとき，そのピストンの底の面積が大きいので，ピストン全体には大きな力として伝わります。だから，重いおもりをのせないとつりあわないのです。

たとえば，太い注射器のピストンの底の面積が細い注射器のピストンの底の面積の2倍あったとすると，太い注射器のピストンにのせるおもりは，細い注射器のピストンにのせたおもりの2倍の重さでつりあいます。

このように小さな力で大きな物を持ち上げるには大きな面積のピストンを使えばいいことがわかります。

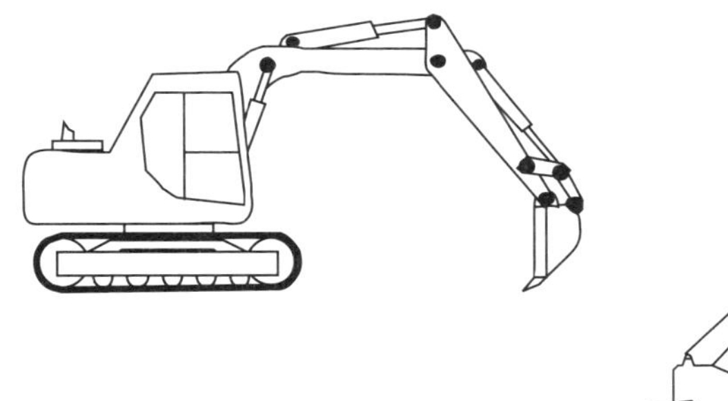

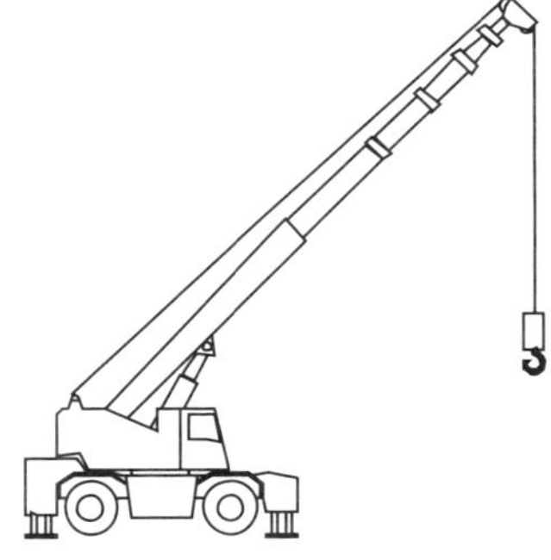

工事現場で大活躍の
クレーンやパワーショベルも
同じしくみが使われているのじゃよ。
ただし，空気ではなく，
油を使っているのじゃ。

保護者の皆さんへ

原理

この工作は小さな力を大きな力に変える仕組みを応用したものです。その基本は「パスカルの原理」が示すように，圧縮しても体積が変わらない液体では，圧力がどの方向にも等しく伝わるという性質です。ここで「圧力」は，

[力の大きさ] ÷ [力のかかる部分の面積]

です。

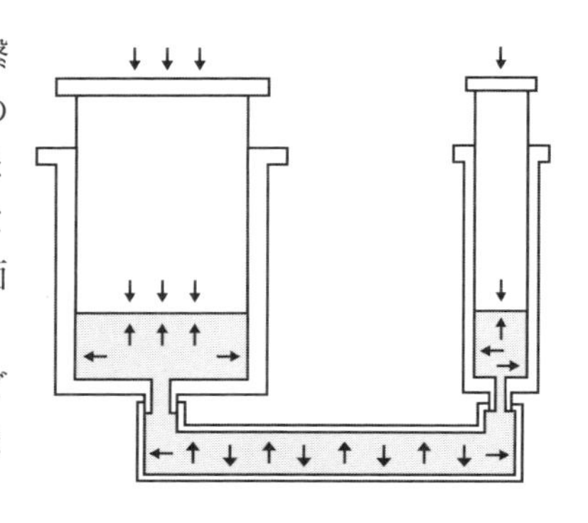

図のように水の入ったパイプで繋がった2つの注射器があり，それらの注射器のピストンの面積が違うとします。小さい注射器にある力を加えたとき，この力の大きさをピストンの底面積で割った値つまり圧力（矢印）は，両方の注射器内壁やパイプの内側のどの面に対しても同じ大きさで加わります。

圧力に面積をかけて得られる「力」を考えると大きい注射器のピストンに加わる力は，面積が大きいのでその分大きくなります。怪力ボックスの場合は，ビニール袋の表面積，そして箱のふたの面積が大きく，そのため，ストローから息を吹き込むと重いペットボトルでも持ち上がるのです。

例えば，自動車のブレーキは，足でペダルを踏むだけで，とても大きな力が出てタイヤの回転を止めることができます。重量物を持ち上げる油圧ジャッキも水の代わりに油が使われていますが原理は同じです。

工作についての質問，原図（寸法），材料の入手先については巻末をご覧ください。

なんでもスピーカーに挑戦！

なんでもスピーカー

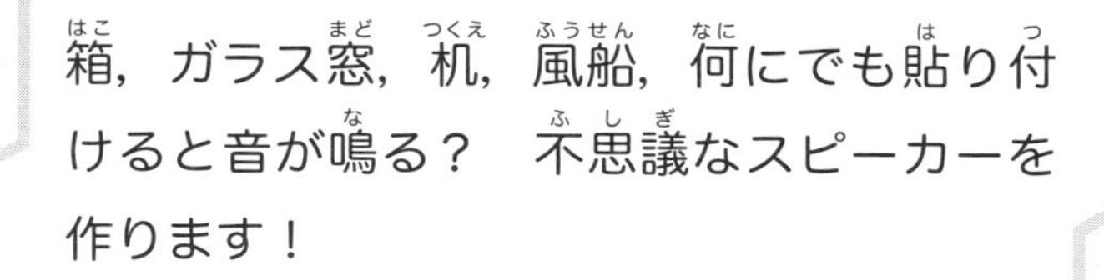

箱，ガラス窓，机，風船，何にでも貼り付けると音が鳴る？　不思議なスピーカーを作ります！

「なんでもスピーカー」って，どんなしくみなのかな？

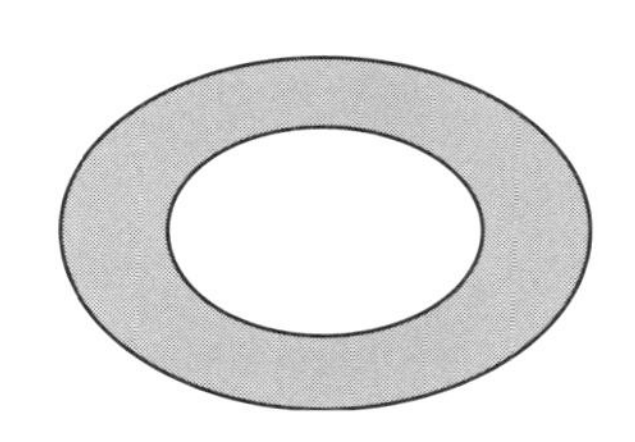

　なんでもスピーカーは，金属の円板の上に圧電体という特殊なセラミックスの膜が焼き付けられたものです。実際にはその上にさらに別の金属が貼り付けてあります。圧電体は，曲げたりして変形させると，電気を起こす不思議な性質を持った材料です。また，逆に，電気を加えると，伸びたり縮んだりして変形します。

圧電体は，どうして，そんな不思議な性質を持つの？

　圧電体結晶は，結晶を作るプラスイオンやマイナスイオンの位置が変化すると，プラスとマイナスの電荷がその表面に現れるのです。この圧電効果は，1880年にピエール・キュリーとジャック・キュリーが発見しました。

さあ、作ってみよう！
準備するものは何かな？

どんな材料がいるのかな？　※印は巻末を見てください。

● メロディ IC　1個

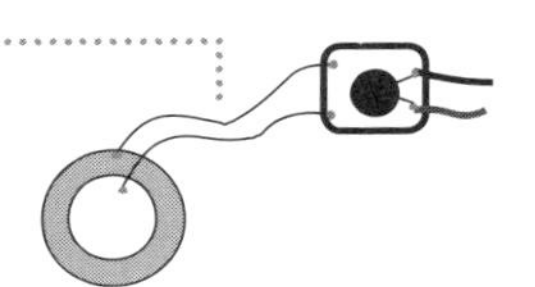

圧電体と電子回路がつながったものを使います。
ケースに入っている場合もあります。

● 箱　1個

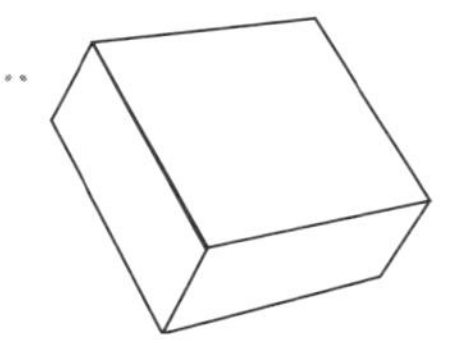

ふたができる箱。

● 単三乾電池　1個

● 紙コップ　1個

どんな紙コップでも使えます。

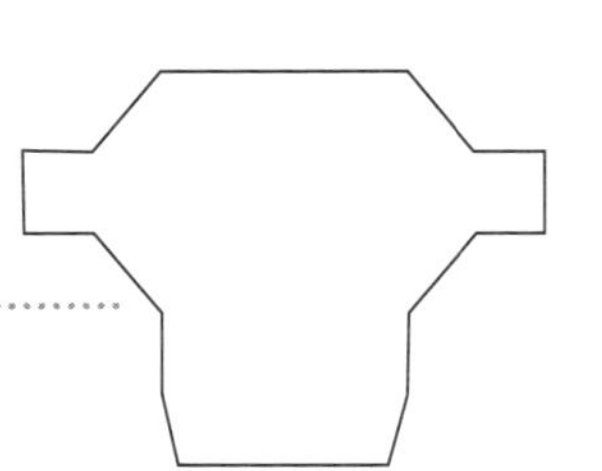

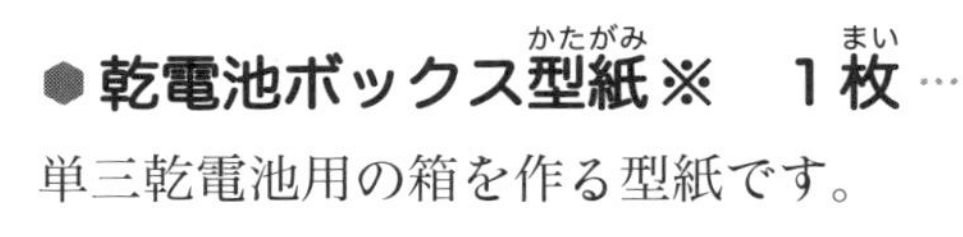

● 乾電池ボックス型紙※　1枚

単三乾電池用の箱を作る型紙です。

● 導電性銅箔テープ　1本

長さ 4 cm。銅テープで，裏側にカーボン入りの糊が付いたものです。

● 風船　1個

どんなゴム風船でも使えます。

どんな道具がいるのかな？

はさみ

セロハンテープ

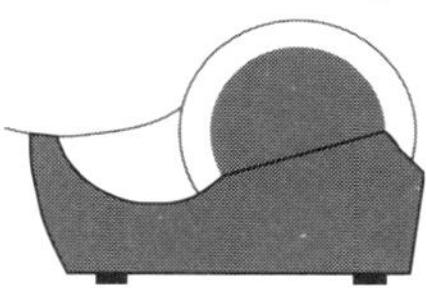

両面テープ

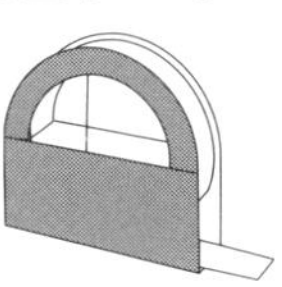

メロディ ICから圧電スピーカーを取り出そう

メロディ IC の圧電スピーカーがケースに入っている場合は，ケースから注意深く，取り出します。

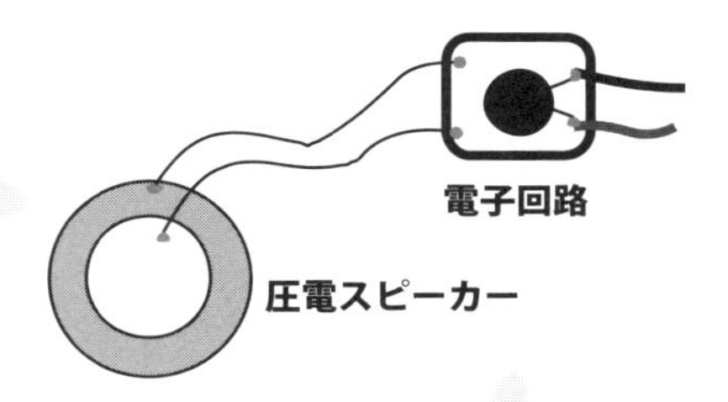

電子回路の重要部品 IC (集積回路)は黒い樹脂で保護されています。

電池ケースを作ろう

型紙を切り抜いたら，型紙を裏返します。図のように 2 か所，両面テープを貼ります。

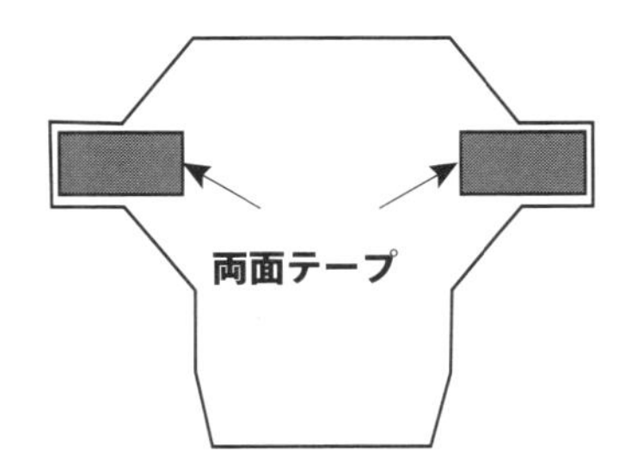

線が印刷された表面を上にして，線に沿って型紙を折ります。破線の４か所は谷折りです。

最後まで折るとこんな感じです。

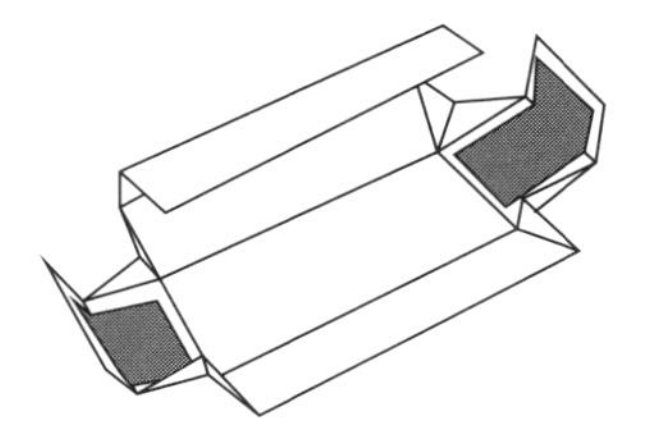

両面テープが貼ってある箱の左右両側を組み立てます。谷折りにした部分を２つとも内側に折り曲げて，その上から図の☆印の部分をかぶせて固定します。

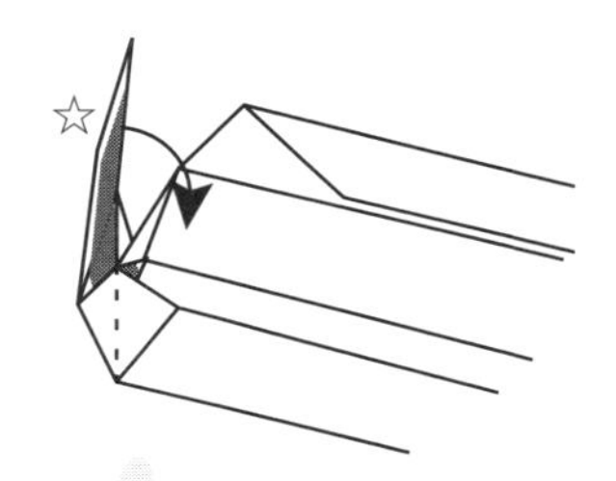

左右の両端とも折り返して固定します。

 電池ボックスとメロディ IC を組み立てよう

導電性銅箔テープを電池ボックスの左右内側に貼ります。

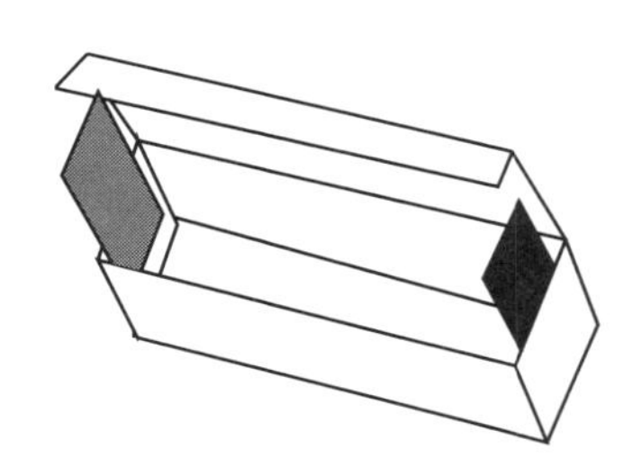

メロディ IC の電子回路を
電池ボックスの裏側(底)に
両面テープで貼り付けます。

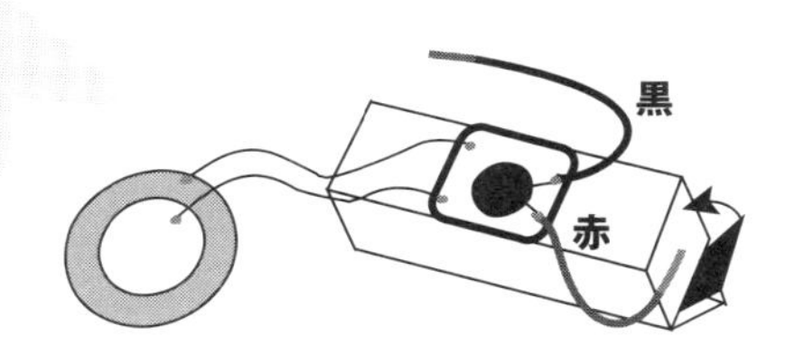

黒いリード線は
そのままだよ。

導電性銅箔テープを折り曲げて，電子回路から出ている赤いリード線を電池ボックスに固定します。

赤いリード線が固定してある導電性銅箔テープがプラスです。向きを間違えないように乾電池を入れたら完成です。

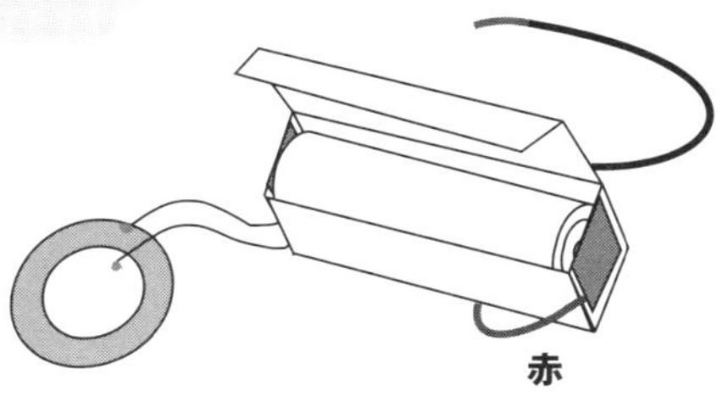

いろいろなものがスピーカーに？

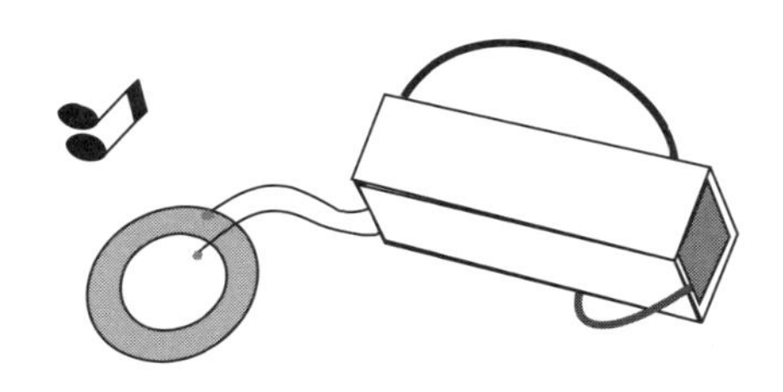

あれ？
ほとんど聞こえないよ？
小さな音だね！

それは圧電体だけだからじゃよ。
圧電体の円板を
箱，風船，机，窓ガラスなど，
いろいろなものに押し当てて
聞いてみたらどうじゃ？

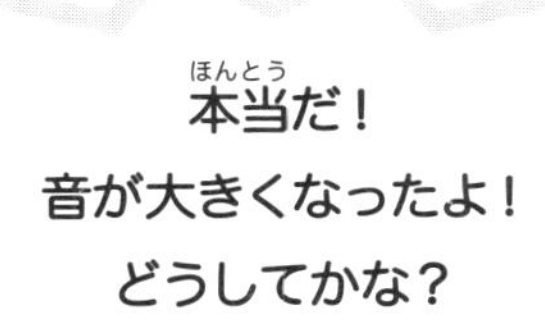

本当だ！
音が大きくなったよ！
どうしてかな？

それは圧電体円板の振動が
箱に伝わって，
箱全体が振動したからじゃよ。
この現象を共振というのじゃ。
ピアノも木の板に弦の振動が伝わって，
大きな音になるのじゃ。

この後は，お父さんやお母さんと一緒に読んで，一緒に考えてください。

皆さんは音がどうして発生し，私たちの耳に届き，音として聞こえるのか考えたことがありますか？　皆さんがしゃべる声も音です。声はどうして出るのかな？　声について少し考えてみましょう。

声はどうして出るのかな

声を出すとき，自分ののどに手をあててごらん。ビリビリするのを手に感じるよね。これはのどにある声帯という部分がふるえる（振動する）からだよ。この振動が音を発生させる原因なのです。声帯を通る空気が押されたり引っぱられたりして，空気の薄いところ（疎），濃いところ（密）が交互にできるのです。これが声の正体です。

音はどうして伝わったり，聞こえたりするのかな？

声帯がふるえることにより，のどにある空気が疎なところと密なところができて，それが開いた口から，外へ出ていきます。そして空気の密度が低い疎な部分と密度が高い密な部分が空気の中を交互に進んできます。それはちょうど，波のようなものです。これを疎密波と呼びます。

また，そのふるえが逆に私たちの耳に届くと，今度は耳の中にある鼓膜という薄い膜をふるわせます。そして，その鼓膜には神経がつながっていてその信号が私たちの脳に届いたとき，音として聞こえます。

保護者の皆さんへ

圧電性について

ここで使ったメロディ ICの音楽は，ICにプログラムされた情報が電気信号となって圧電スピーカーに伝わり，圧電スピーカーの圧電体を歪ませることで聞こえます。この圧電スピーカーは，圧電結晶を利用したものです。

圧電結晶とは形が歪んだ時に，結晶の内部でイオン配列にずれができて，結晶の表面にプラスとマイナスの電荷が現れるものです。逆に，圧電結晶に電圧を加えると結晶が歪み，圧電体が延びたり縮んだりします。

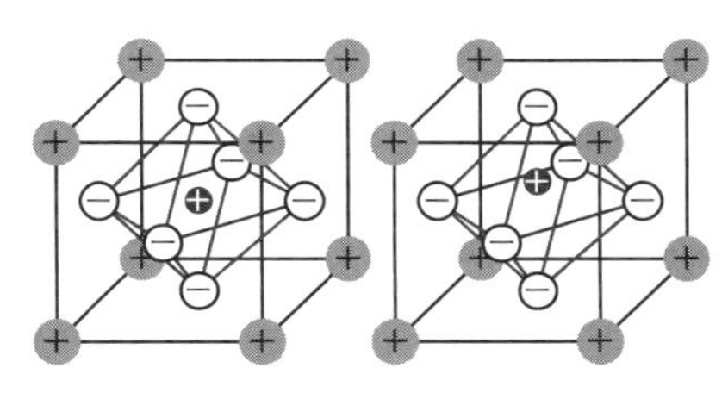

圧電性を示す代表的なセラミックスとしてチタン酸バリウム($BaTiO_3$) がありますが，ある温度(キュリー点) 以下では，結晶格子の中心に位置する酸素プラスイオンが，立方体の中心からずれた形となっています。このため，電荷的対称性が崩れ，右図では上面が正，下面が負という形で電荷を帯びる事になります。この正負の対を双極子と呼びますが，結晶中ではこのような双極子がある方向に揃った形となっています。これを自発分極と呼びます。しかし，セラミックス全体では，このような結晶がランダムな方向を向いて集まった多結晶の形で構成されており，結果としてある方向に自発分極が揃うという事はありません。そこで，実際にはこの多結晶セラミックスに大きな直流電圧を外部から加え，自発分極の方向をかけた電圧の方向に揃える操作(分極と呼びます)を行います。一度，この操作をすれば，電圧を取り去っても自発分極は揃ったまま保たれます(右側の図)。分極の操作を受けたセラミックスは圧電体としての性質を示します。

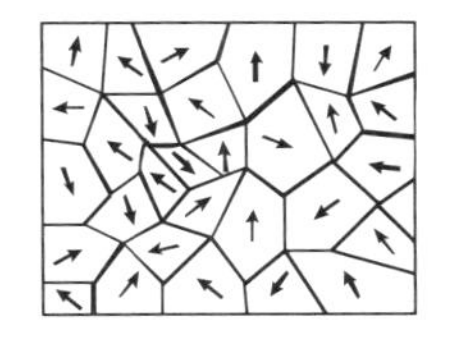

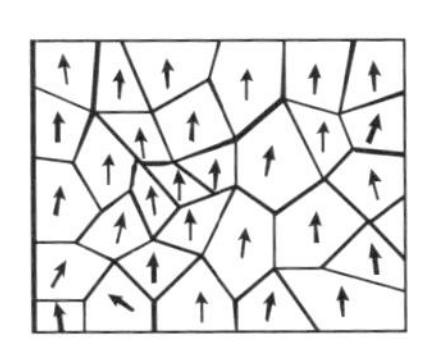

圧電体は身近な色々な所で活躍しています。例えば，キッチンにあるガスコンロの着火素子です。青白く火花が飛んでガスに点火しますが，そこには高電圧を発生させるために圧電体が使われています。ろうそくなどに火をつ

ける着火装置もそうです。少し専門的な応用になると，圧電体が電気信号で変形する性質を使った圧電アクチュエータというものがあり，加えた電圧により，長さが伸びたり縮んだりしてものを動かします。

また，超音波モータという応用もあります。分極方向を交互に変えた圧電体を並べ，そこに交流電圧を加えて歪みを交互に起こさせ，その上に載せたスライダと呼ばれる平板をその歪みで運ぶ仕組みです。

円形に圧電体を並べ，スライダも円形にすれば，スライダは回転運動をするので，普通のモータのように回ります。

逆に機械的な変化で電気的な信号を発生させる用途としては，加速度センサや超音波センサなどの各種センサがあります。圧電体が注目された発端とも言える第一次世界大戦の際に開発された潜水艦探知用ソナーもセンサとしての１つの用途です。

なお，多くの普通のスピーカーは，圧電スピーカーに相当する心臓部の音発生部に，磁石，コイル，紙などで出来たコーンを持っており，電磁誘導という現象を利用して，コーンを振動させます。そして発生した音を大きくするため共鳴の働きを持つ箱に収められています。

工作についての質問，原図（寸法），材料の入手先については巻末をご覧ください。

3 磁石でぶるぶる！ 恐竜バトル

KOUSAKU KYOSHITSU

恐竜バトル 2枚のゴムシート磁石をこすり合わせると，ぶるぶると振動します。このゴムシート磁石の振動を使った現代版の紙相撲を作ります！

「恐竜バトル」はどんなしくみで動くのかな？

この工作で使うゴムシート磁石は鉄板などにくっつくので，よく冷蔵庫などに貼って使われます。さて，2つの磁石は近づけ方によってくっついたり反発したりします。これは磁石のN極とS極を近づけた場合はくっつき，N極とN極またはS極とS極を近づけた場合は反発するためです。では，ゴムシート磁石を2枚近づけるとどうなるでしょうか。ゴムシート磁石は表と表でも，表と裏でもくっついてしまいます。どうして反発しないのでしょうか。図のように，2枚のゴムシート磁石を貼り付けた後，上下左右にずらす実験をしてみます。すると，なめらかにずれていく方向と，ずらすたびに「ごりごり」とした振動を感じる方向があることがわかります。この振動はゴムシート磁石どうしの反発と吸着が関係しています。この工作ではゴムシート磁石どうしをこすり合わせたときに起こる振動を使って，紙でできた恐竜を土俵上で戦わせます。

2枚をくっつけて

1枚をずらす

さあ、作ってみよう!
準備するものは何かな?

どんな材料がいるのかな？　※印は巻末を見てください。

● ゴムシート磁石とその型紙※　1枚

A4くらいの大きさのゴムシート磁石が100円均一ショップで買えます。

● 紙皿　1枚

直径26 cm。バーベキューなどで使う紙の皿です。

● 割りばし　1膳

断面が四角い，長さ22 cmくらいの割りばしを使います。

● 恐竜の型紙※

型紙から画用紙に恐竜の絵を写します。

どんな道具がいるのかな？

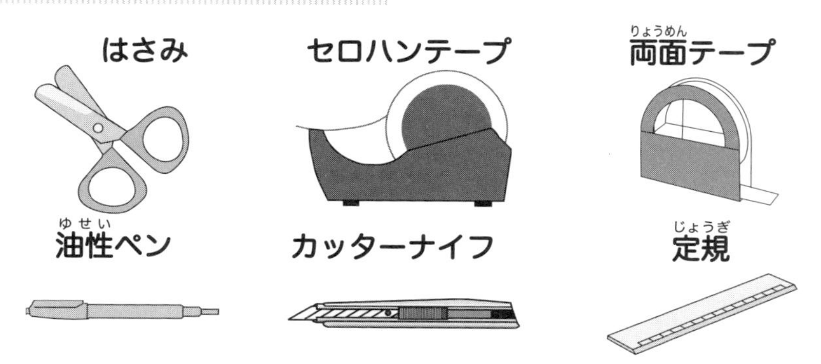

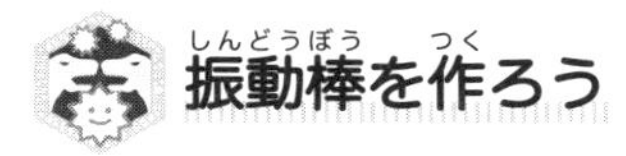

振動棒を作ろう

ゴムシート磁石を6 cm角の正方形で2枚切り取って，重ねてから，こすり合わせてみよう。こすり合わせる方向を変えたり，裏表逆にしたりして，よく振動する方向と面を見つけよう。

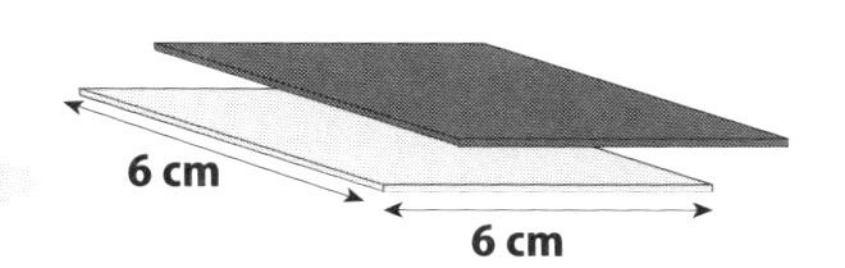

よく振動する方向を見つけたら，その方向と平行に線を引いて，はさみで切り離そう。合計6つの細長いゴムシート磁石ができますが，2つは予備です。

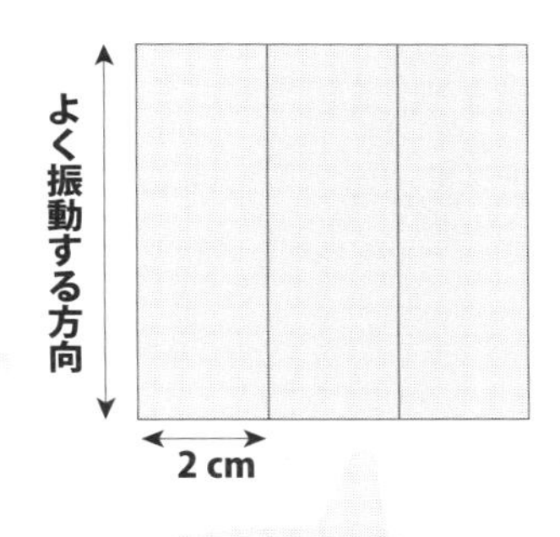

黒いゴムの面を下側にして線を引きます。

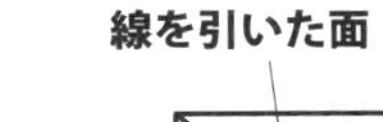

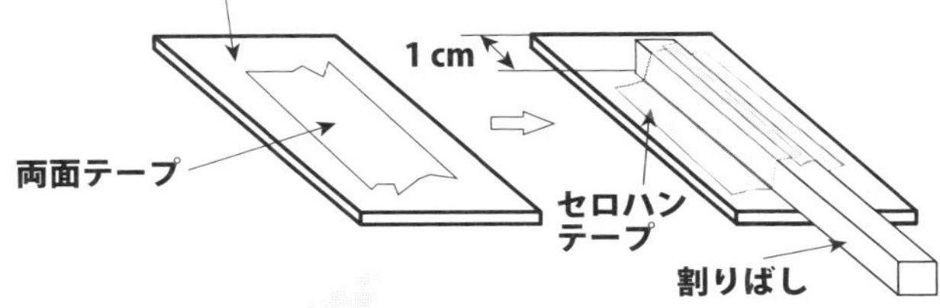

ゴムシート磁石の線を引いた面に両面テープを貼り，その上に割りばしの太い方をのせます。その後，割りばしの上からセロテープでしっかり固定します。棒は2つ作ります。

競技場を作ろう

左手の親指，人さし指，中指の３本の指を少し離してその先に紙皿をふせてのせます。３本の指の先をそのままゆっくりくっつくまで閉じてみよう。くっついた３本の指の先の真ん中が紙皿の中心です。

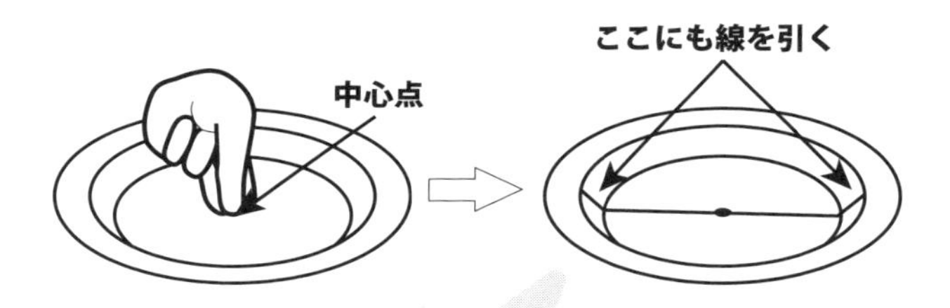

両手で紙皿を裏返し，中心にペンで点(中心点)を描きます。次に中心を通る直線(中心線)を引きます。紙皿のななめの部分にも線を引きます。

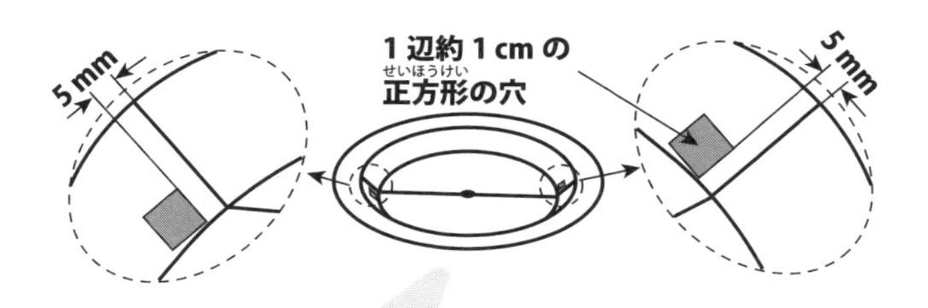

紙皿のななめの部分(2か所)にカッターナイフで，1辺約1cmの穴をあけます。穴をあける位置は中心線から約5mm離れたところです。

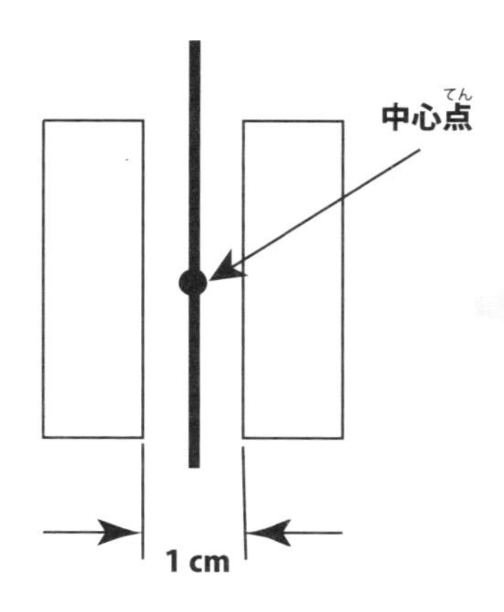

残っているゴムシート磁石２枚を紙皿の中心線の両側に両面テープで貼り付けます。両面テープはシート磁石の線を引いた面に貼り付けてください。ゴムシート磁石の間隔は約１cm です。

振動棒と紙皿のゴムシート磁石をくっつけます。割りばしは紙皿の穴に通してください。

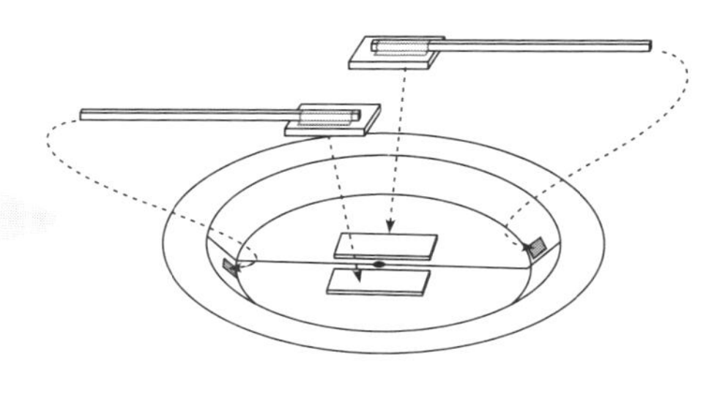

厚紙で，図のような大きさの固定用の部品を作ります。破線は谷折り，一点鎖線は山折りにします。

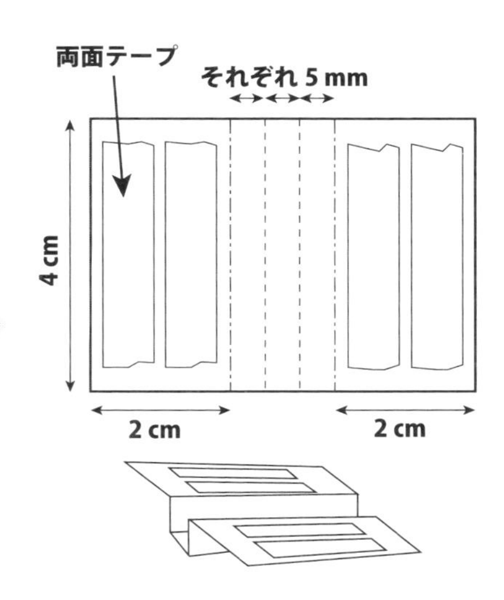

振動棒の割りばし部分を固定部品で図のように固定します。固定部品の上から，さらにセロハンテープを貼ると，より丈夫になります。

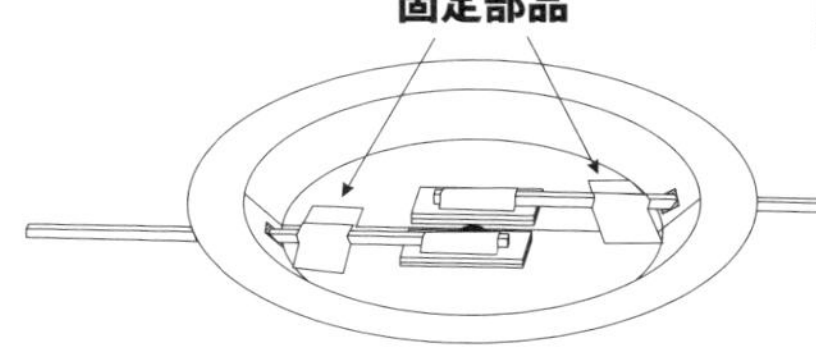

競技場の枠と仕切り線を油性ペンで描きます。

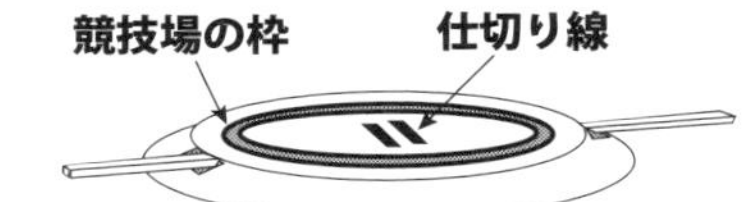

型紙から恐竜をはさみで切り抜きます。切った恐竜を競技場にのせて，完成です。振動棒を動かすと，恐竜がいろいろな動きをします。

ワーイ，完成だ！
お母さんと勝負してみよう！

恐竜(きょうりゅう)の型紙(かたがみ)です。コピーして，画用紙(がようし)などに貼(は)り付(つ)けてから，切(き)り抜(ぬ)いてください。オリジナルの恐竜を作(つく)っても楽(たの)しいですよ！

この後は，お父さんやお母さんと一緒に読んで，一緒に考えてください。

上手に恐竜バトルはできたでしょうか？　後ろに進んだり，横に進んだり，思ったように動かないこともあるかと思います。そんなときは，恐竜の足の部分を広げてみたり，ちょっと前かがみになるように調整したりすると，また，違った動きをすると思います。いろいろと調整して，研究してみてください。きっと，楽しいですよ。

競技場の上には，恐竜だけではなく，自分で作った，動物やロボットを置いてみても楽しめると思います。

この工作では，ゴムシート磁石を使って振動を起こさせ，恐竜を動かしています。振動を利用したおもちゃは古くから存在します。肥後とんぼ（ガリガリプロペラ）というおもちゃを知っていますか？　のこぎり状の溝のある棒を丸棒でこすって振動させることで先端についているプロペラを回すおもちゃです。割りばしの中ほどに，余っているゴムシート磁石を貼り付けて，先端に，画用紙やプラスチックで作ったプロペラ（中心に穴をあけた円板など）を通した回転軸（つまようじやマチ針など）を取り付けると同じようなおもちゃになります。もう1枚の磁石シートで，割りばしのゴムシート磁石をこすって振動を起こすとプロペラが回転します。プロペラは小さい方がよく回転します。一度，試してみてください。

保護者の皆さんへ

この工作は昔からある紙相撲の現代版です。紙相撲は紙で作った力士をのせた台をたたいて振動をおこして遊びますが，この工作ではゴムシート磁石をこすり合わせて振動をおこします。右図にあるようにゴムシート磁石の中の磁石はN極とS極がストライプ状に並んでいます。2枚のゴムシート磁石のストライプが重なるように貼り付けた後，片方のゴムシート磁石をずらす（図では左右方向）と磁石の吸引と反発が繰り返されて振動が起きます。ではなぜ，ゴムシート磁石ではN極とS極が交互に並んでいるのでしょうか。

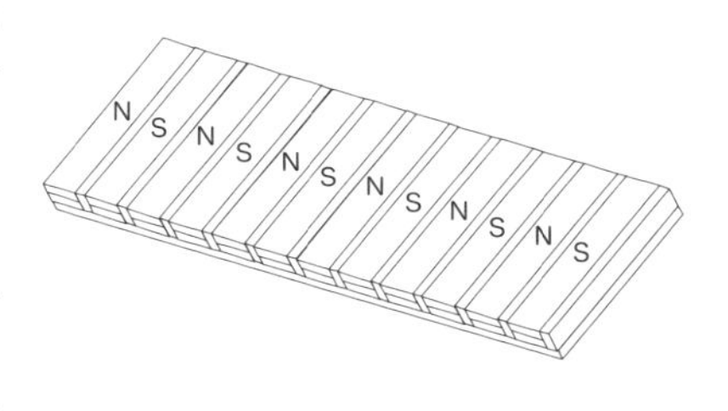

右の図は磁石が鉄板にくっつく様子を示したものです。点線は磁力線を示しており，磁力線が磁石や鉄板の外側を通っていることがわかります。右下の図は磁力線により，鉄板の一部が磁石になっている様子を示しています。磁石同士の吸引力で磁石と鉄板がくっついていることがわかります。ただし，磁力線が磁石の外を通ってしまっているので，その分だけ磁石の力を完全には利用できていません。

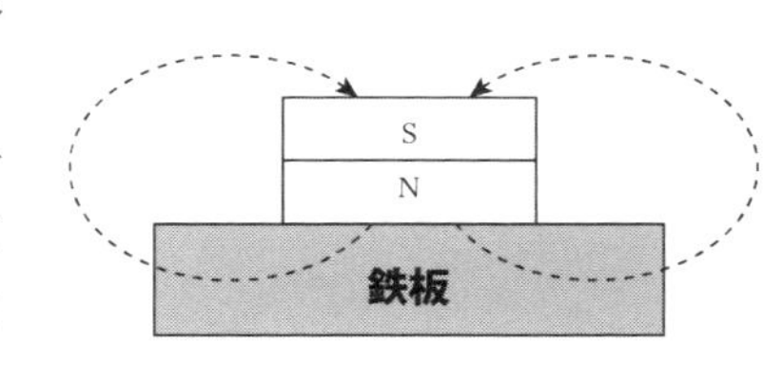

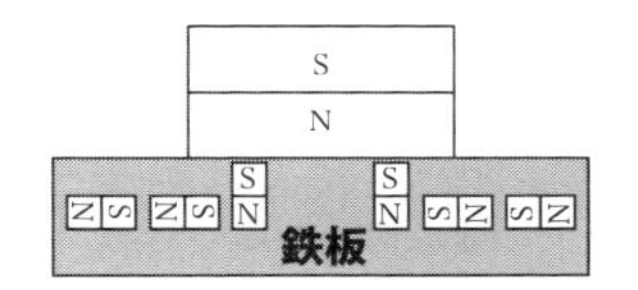

一般に市販されているプラスチックのキャップがついた磁石（カラーマグネットなどと呼ばれています）にはプラスチックの内側にさらに鉄製キャップがかぶせてあるものが多く存在します。こうすると，磁力線が鉄製のキャップ内部を通るため，磁力線は外部に漏れません。このとき，右の図のような磁石の配置となり，吸着力を強くすることができるのです。また，右下の図は別の方法で吸着力を強くした例です。この方法でも，磁力線は磁石の外を通りませんので，吸着力は強くな

ります。

ゴムシート磁石はゴムに小さな磁石を混ぜ込んで作製しますので，一般の磁石よりも磁力は弱くなります。このゴムシート磁石の表面全体をN極，裏面全体をS極とすると吸着力が非常に弱くなります。吸着力を上げるためには強力な磁力を持つ磁石を使えばいいのですが，高価になってしまいます。そこで，市販されているゴムシート磁石では，間隔を短くしたストライプ状の磁石配置にすることで，磁力線が漏れることを防ぎ，吸着力を上げる方法を採用しています（前ページの一番上の図）。

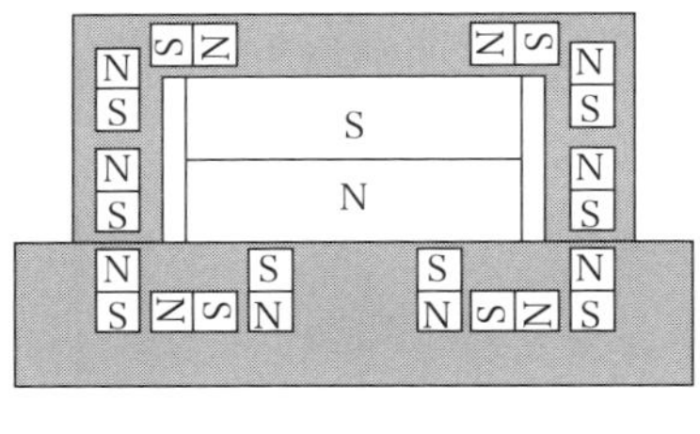

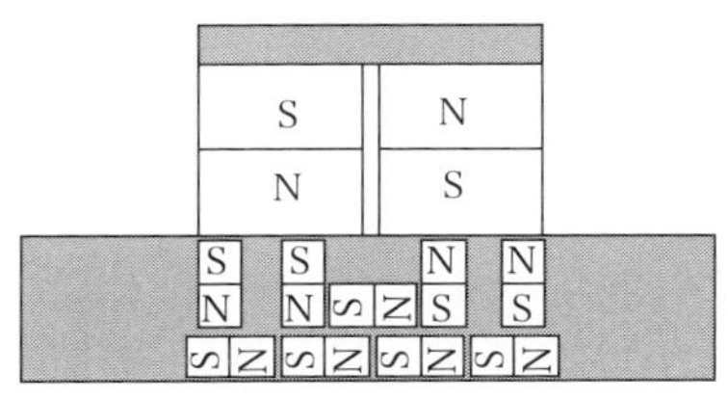

市販されている工業製品は創意と工夫に満ちています。ゴムシート磁石はその一例です。この工作を通して，身近にある製品には，使いやすく安価に作製するために，さまざまな工夫が施されていることを知ってもらえればと思います。

工作についての質問，原図（寸法），材料の入手先については巻末をご覧ください。

KOUSAKU KYOSHITSU

4 どこまで飛ぶかな？ ガウスロケット

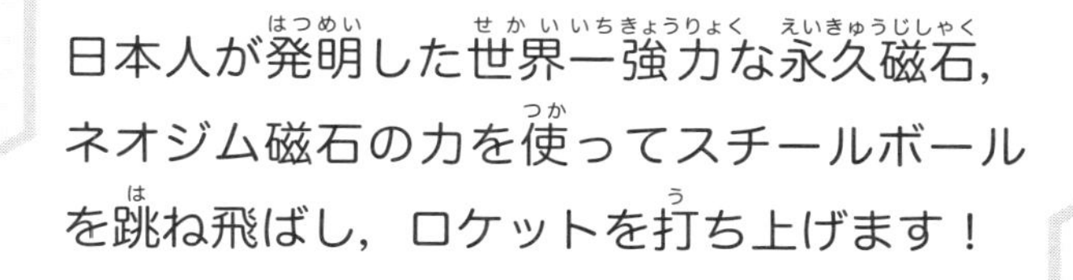

ガウスロケット

日本人が発明した世界一強力な永久磁石，ネオジム磁石の力を使ってスチールボール を跳ね飛ばし，ロケットを打ち上げます！

「ガウスロケット」はどんなしくみで飛ばすのかな？

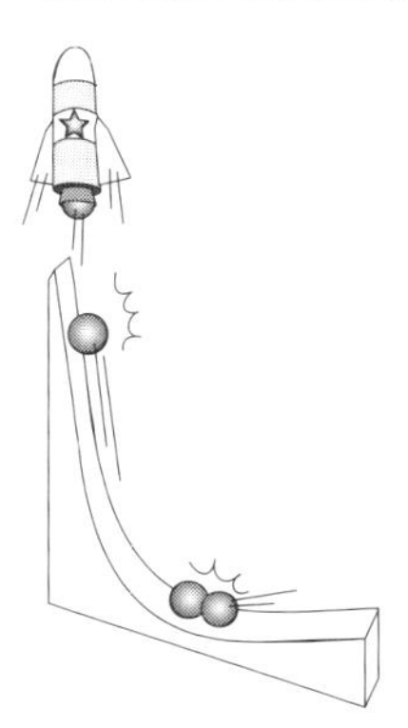

右下の図のような，いくつかの固い球を衝突させて遊ぶおもちゃを見たことがあると思います。一方の球を持ち上げてから手をはなすと，その球は落ちるにつれてスピードが上がり，一番低い位置で隣の球にぶつかります。その瞬間，もう片方の端の球がはじかれるように飛び出します。このような運動が繰り返し行われるおもちゃは「ニュートンのゆりかご」と呼ばれています。

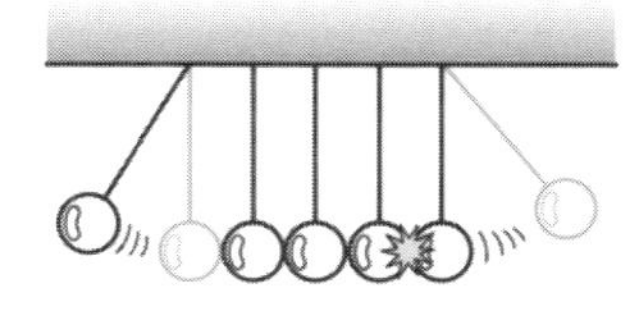

ニュートンのゆりかごでは地球の引力（重力）によって球のスピードが速くなりますが，磁石の引力（磁力）を使っても球のスピードを速くできます。磁石の力で球をはじく装置は，「ガウス加速器」と呼ばれています。ここで作る工作では，このガウス加速器の原理を利用してロケットを飛ばします。

どんな材料がいるのかな？　※印は巻末を見てください。

●スチールボール　2個

直径6 mmの鉄製のボールです。

●プラスチックボール　1個

直径6 mmのプラスチック製のボールで玩具のBB弾でも使えます。

●ストロー大小　各1本

太さ6 mmのものを長さ3 cmそして，太さ4 mmのものを長さ1 cmに切ります。

●竹串　1本

太さ3 mmくらい，長さ10 cm。4 mmのストローに通れば使えます。

●プラスチック段ボール（プラ段）　1枚

厚さ3 mmくらい，91 mm × 128 mmに切って使います。

●ネオジム磁石　2個

直径6 mmの球形と，直径6 mmで厚さ3 mmの円板型のネオジム磁石をそれぞれ1個ずつ使います。一般に市販されている一番強い磁石です。

● ゼムクリップ　1個

ネオジム磁石球をくっつけておくもので，3 cmの長さのもの。

● 型紙※

ロケットと発射台の型紙です。

どんな道具がいるのかな？

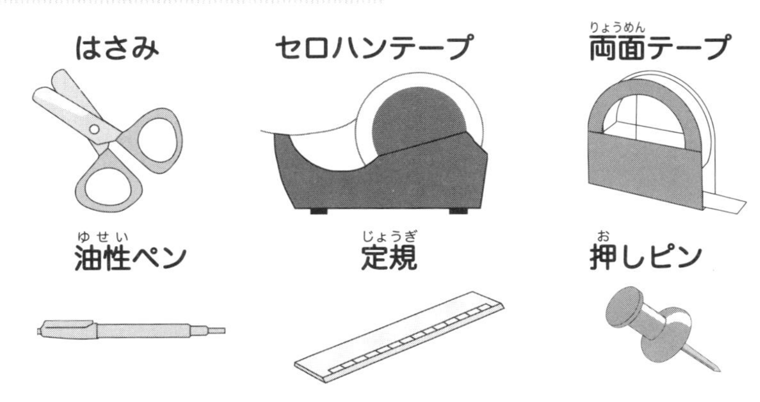

 発射台を作ろう

型紙から部品Aと部品Bを切り抜きます。部品Aののりしろをセロハンテープで貼り付けます。

部品AとBの●どうし，○どうしがそれぞれ隣り合うようにセロハンテープで貼り付けます。

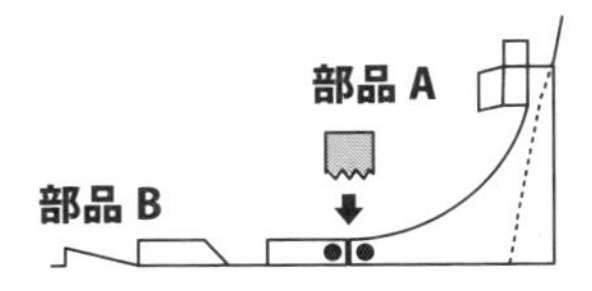

部品Aと部品Bの矢印どうしが重なり合うように，上の端を合わせて貼ります。

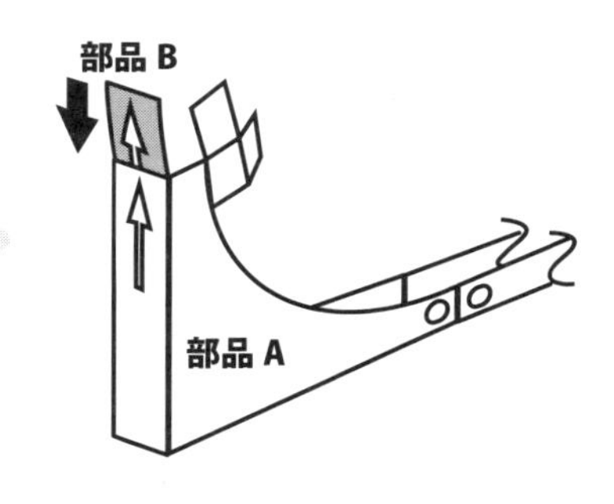

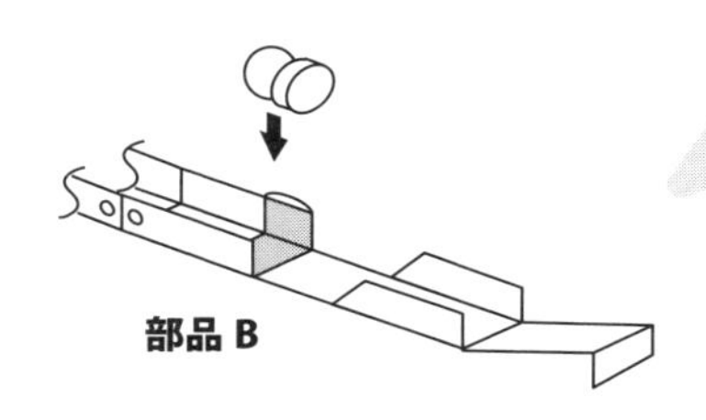

両面テープを幅 8 mm に切って，図のように部品Bの内側に貼ります。その上に，円板型磁石とスチールボール1個をくっつけたまま貼り付けます。

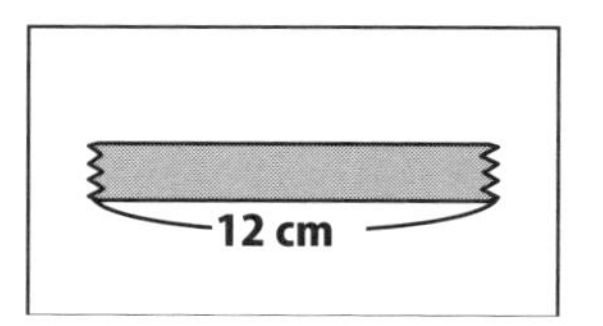

プラ段の真ん中に，長さ12 cmくらいに切った両面テープを貼り，先ほど作った発射台を貼り付けます。

部品B側の端はすべり台のように浮かせ，部品A側は両面テープを5 mmほど，残して貼ります。

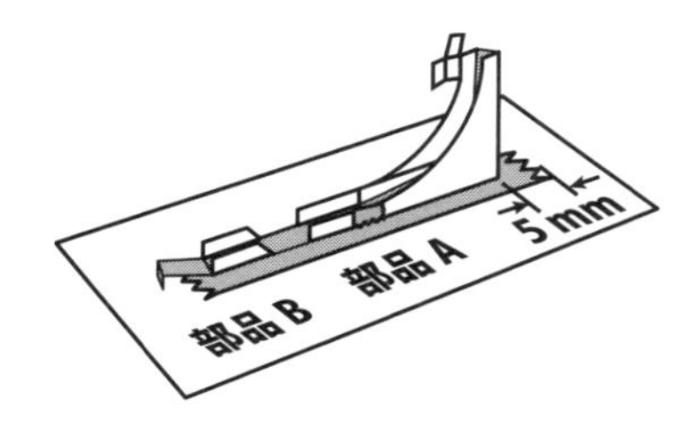

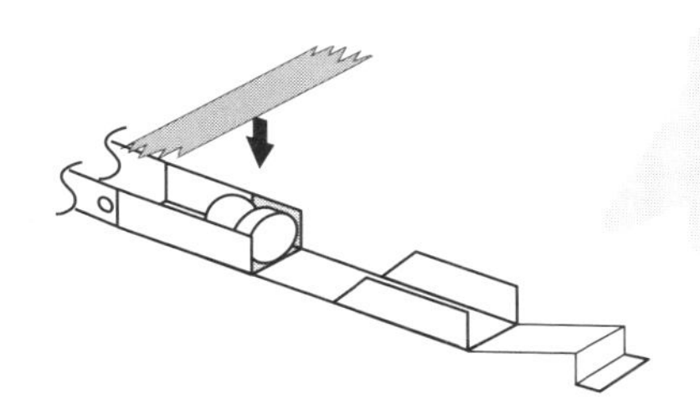

円板型磁石とスチールボールの上から，幅 8 mm に切ったセロハンテープを貼って，固定します。

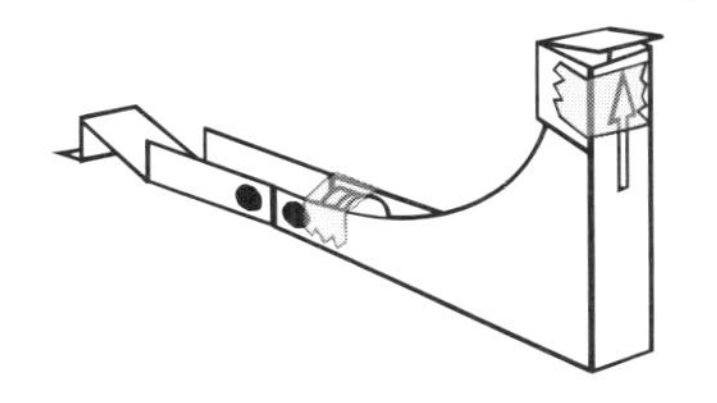

発射台上部に囲いを作り，セロハンテープで横側だけ貼り付けて固定します。スチールボールが発射台から飛び出さないようにするためです。上のふたはそのままにして，セロハンテープで固定しません。

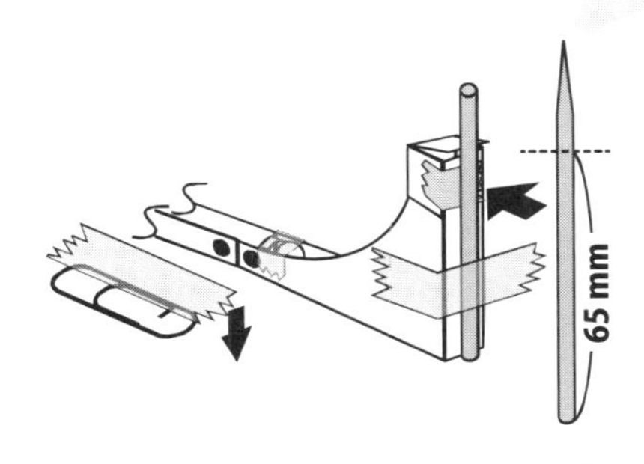

竹串のとがっていない方から 65 mm の位置で切り取り，部品Aの矢印に沿ってセロハンテープで貼り付けます。

ゼムクリップをプラ段のあいた場所にセロハンテープで貼り付けます。これは，球形磁石をくっつけておくためのものです。

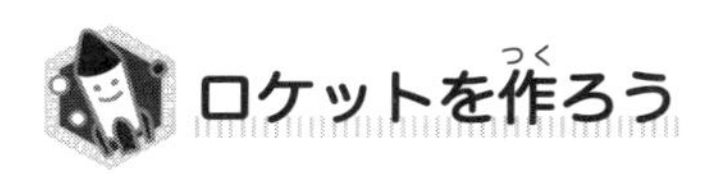

ロケットを作ろう

太いストローの片方の端にプラスチックボールを乗せた状態で，セロハンテープで貼り付けます。

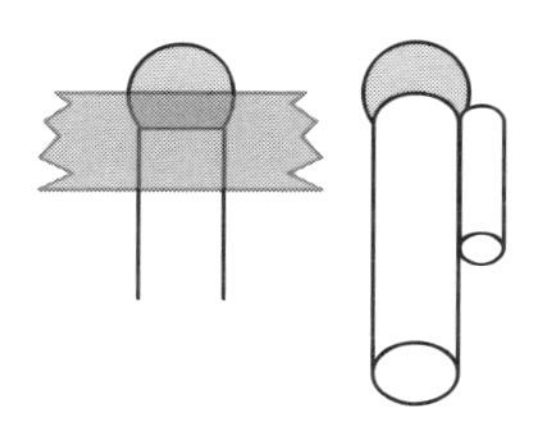

細いストローを太いストローに，端をそろえてセロハンテープで貼り付けます。

セロハンテープがプラスチックボールの半分より上に出ないように！

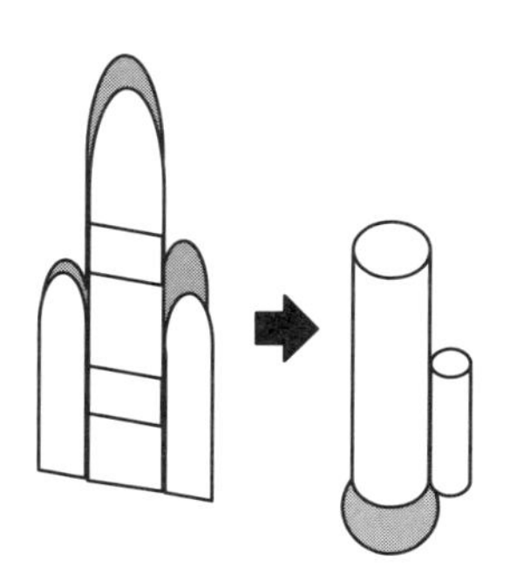

型紙からロケットを切り取って，好きな色で塗ります。両面テープをロケットの内側に貼り，太いストローをはさむように固定します。

プラスチックボールがロケットの下に出るように！

細いストローが，ロケットの型紙の開いている方に来るように！

飛ばしてみよう

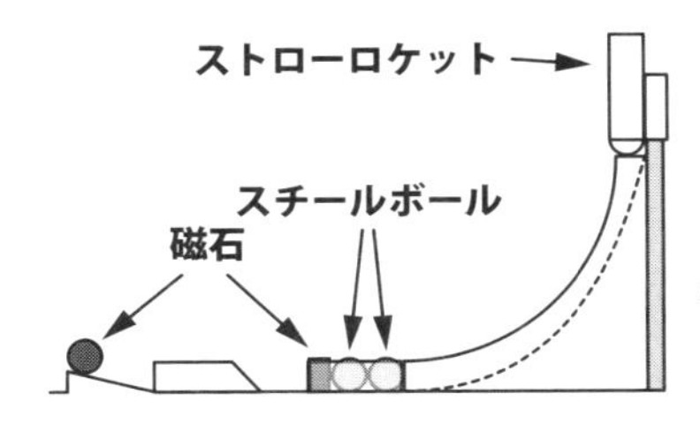

発射台の上部を，箱を作るようにふたをします。

ロケットの細いストローを竹串に通しながら，ロケットのプラスチックボールをふたの上に乗せます。

もう1つのスチールボールを発射台に固定したスチールボールの横に置きます。

球形磁石を
すべり台から転がすと？
さあ，ロケットは
うまく飛んだかな？

びっくり！
ストローロケットが
飛び上がったよ！

4 ガウスロケット

この後は，お父さんやお母さんと一緒に読んで，一緒に考えてください。

原理を考えてみよう

作ったロケットはうまく飛んだでしょうか。おそらくスチールボールが，目にもとまらないスピードで動いたものと思います。ここでは，どういうしくみでこの工作が動くのかを考えます。

エネルギー保存の法則

地面に置いてあるボールは止まったままです。地面より高い位置までボールを持ち上げて手をはなすと，ボールは地面に落ちます。つまりボールは，地面から持ち上げられることによって，運動するためのエネルギーをたくわえたことになります。このエネルギーを「位置のエネルギー」と呼びます。自然界には，

（位置のエネルギー）＋（運動エネルギー）＝（一定）

という「エネルギー保存の法則」があります。ボールが落ちているときは，位置のエネルギーが減って，運動エネルギーが増えています。

位置のエネルギーの 源

位置のエネルギーはどうやって増えたのでしょうか。これは，重力（地球の引力）によってボールが力を受けている状態で，地面から（地球から）ボールを引き離したことによって，ボールにエネルギーが蓄えられたのです。物体に力が加わっているときに，その力に逆らって物体を移動させると，物体に位置のエネルギーが蓄えられます。

磁石の衝突

磁石とスチールボールについても同じです。スチールボールが磁石にくっついた状態から引き離すと，引力（磁力）によって磁石に向かって動こうとします。つまり，磁力という力を受けている状態でスチールボールを引き離すことによって，位置のエネルギーが蓄えられます。

今回の工作では，球形磁石を円板型磁石から引き離すことと，少しの高さだけすべり台の上に持ち上げることにより，球形磁石に位置のエネルギーをたくわえます。手をはなすと球形磁石が円板型磁石に衝突して速度がゼロになります。その運動エネルギーが固定された円板型磁石とスチールボールを伝わって，一番端のスチールボールに受け渡されます。最後のスチールボールは受け渡す相手がいないので，自分がこの運動エネルギーによって飛び出します。飛び出したスチールボールはスロープをかけ上がった後，プラスチックボールと衝突します。このとき，運動エネルギーの一部をプラスチックボールに受け渡して，ロケットが打ち上がります。

保護者の皆さんへ

この実験工作は，「ガウス加速器」の応用版です。磁石の引力を利用してスチールボールをはじき飛ばし，ロケットを打ち上げます。この一連の動きから学んでいただきたい理科的要素は，主に次の２つになります。

(1) 磁場の中に置かれたスチールボールが位置のエネルギーを持つ

(2) スチールボールが磁石に近づくにつれて，位置のエネルギーが運動エネルギーに変化する（エネルギー保存の法則）

この２つを理解すると，ロケットを打ち上げるためのエネルギー源が何かがわかります。

(1) 磁界の中での位置のエネルギー

一般的に「位置のエネルギー」というと，高い位置にある物体を落とす場合を思い描きます。それに対して，磁石と位置エネルギーはあまり結びつかないのではないでしょうか。力を受けている物体を，力とは反対の方向に遠ざけることによって，その物体が位置エネルギーを持つことを学びます。

(2) エネルギー保存の法則

エネルギー保存の法則はよく知られていますが，やはりこちらも持ち上げた物体を落とす実験が頭に浮かびます。例えば，この章の最初で紹介した「ニュートンのゆりかご」などです。位置のエネルギーが運動エネルギーに変化することを学びます。

この説明でもわかるとおり，(1)，(2) の現象とも，重力中の物体の落下のアナロジーとして，磁場中のスチールボールの運動を説明するのが，子供たちには一番わかりやすいと思います。磁石に近づくにつれてスチールボールのスピードが上がるのは，スチールボールが磁石からエネルギーをもらうためではないことを説明してあげてください。

工作についての質問，原図（寸法），材料の入手先については巻末をご覧ください。

プロペラCDコマを回そう！

プロペラ CDコマ

手で回さなくても，モータでプロペラが回転して，しばらく回り続ける不思議なプロペラCDコマを作ります！

「プロペラCDコマ」ってどんなコマなのかな？

CD-ROMというキラキラ光る円板を知っていますか？　このCDの穴にビー玉を埋め込んで，ビー玉を指で回すとコマのように回転します。でも，すぐに止まってしまいます。ここでは，指で回すのではなく，プロペラを回して風の力で回り続けるプロペラCDコマを作ります。でも，プロペラを回すには，乾電池やモータが必要ですね。そんなに重たい物をCDに載せて回せるでしょうか？

どうして，いつまでも回り続けるのかな？

乾電池や模型用のモータは重いですね。そんなものをCDに載せたら，傾いてしまったりしてCDを回せません。そのため，乾電池の代わりに軽い電気二重層コンデンサという特殊なコンデンサを使います。このコンデンサから，小さなモータに電気を送ってプロペラを回します。

どんな材料がいるのかな？　※印は巻末を見てください。

● CD-ROM　1枚

使い古しのCD-ROMでも使えます。

● 単三乾電池　2個

● 乾電池ボックス（スイッチ付き）　1個

単三乾電池２本用の電池ボックスです。

● ポリウレタン銅線　1本

直径0.2 mm，長さ12 mm。細くて軽いリード線として使います。

● 超小型マイクロモータ　1個

携帯電話などに使われる振動モータとして市販されています。

● 電気二重層コンデンサ　1個

スーパーキャパシタやゴールドキャパシタなどいろいろな商品名で市販されています。小型軽量で，電池の代わりとして使います。

● ビー玉　1個

直径17 mm。

● 熱収縮チューブ　2本

直径2 mm，長さ10 mm。絶縁被覆を取った乾電池ボックスのリード線の先を保護するために使います。

● プラスチック板と型紙※　1枚

厚さ0.2 mm，長さ70 mm，幅20 mm。モータの台とプロペラの型紙を貼って使います。

どんな道具がいるのかな？

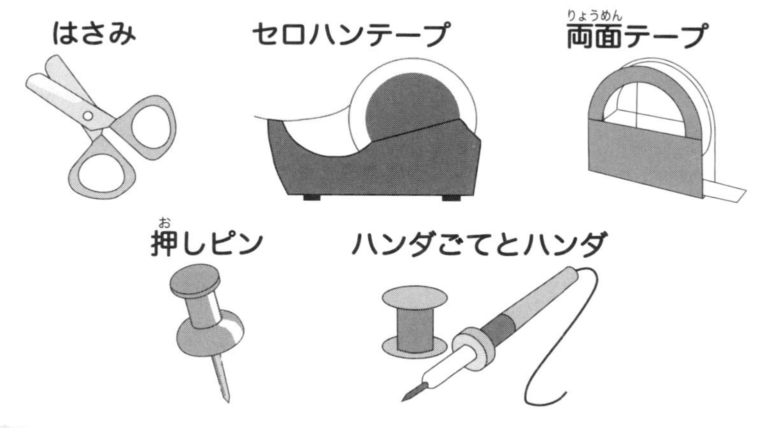

モータの工作をしよう

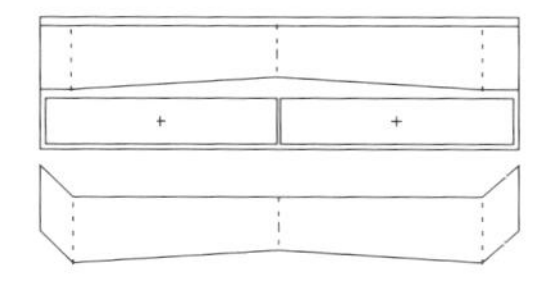

型紙の通り，プラスチック板にプロペラ2枚とモータの台の図を写し，線に沿って切ります。プロペラは1枚予備です。

モータの台は，真ん中で谷折り，そしてCDに固定する左右の部分を山折りにします。

モータの台に両面テープを貼り付けます。その真ん中にモータを固定します。モータの軸を台より外側に出るようにします。

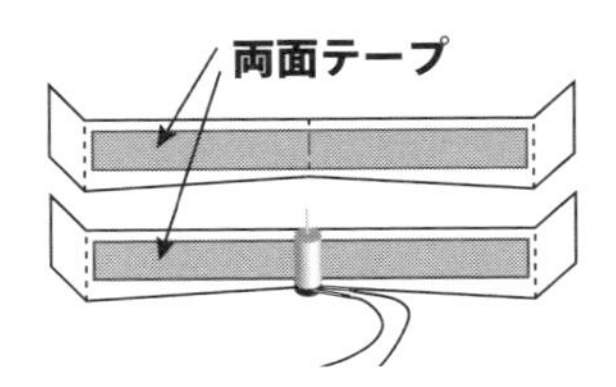

CDに固定する折り曲げた部分にも両面テープを貼ります。

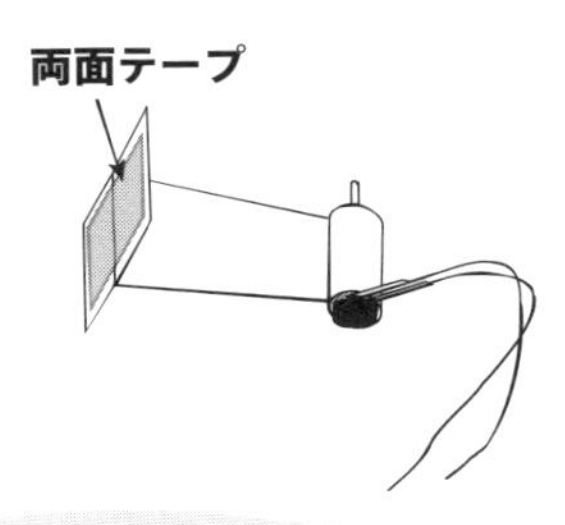

熱収縮チューブを乾電池ボックスのリード線(赤，黒)に被覆の部分までかぶせ，ハンダごてで温めます。

熱収縮チューブはリード線の先の部分まで，覆います。

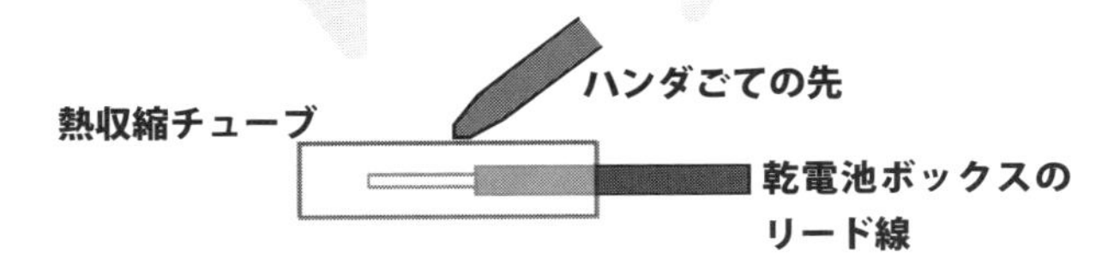

プロペラを作ろう

切り抜いたプラスチック板の真ん中(+)にモータの軸より小さい穴を押しピンであけます。

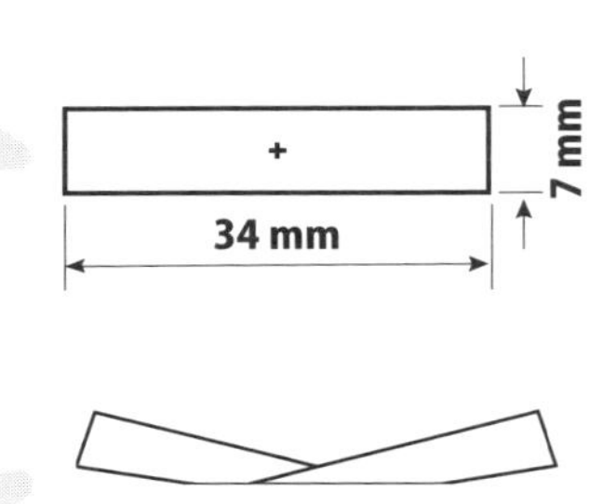

プロペラの真ん中を捻ります。

プロペラCDコマを組み立てよう

コンデンサにモータのリード線をハンダ付けします。

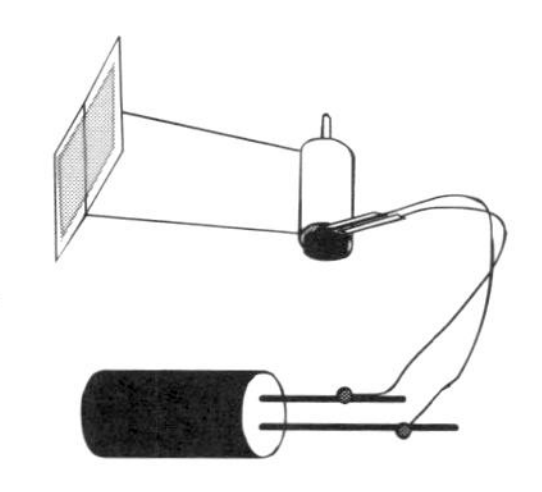

A, B, Cの3か所に両面テープを貼ります。

真ん中の穴の部分に貼る両面テープAとBとの間隔を5 mmあけます。

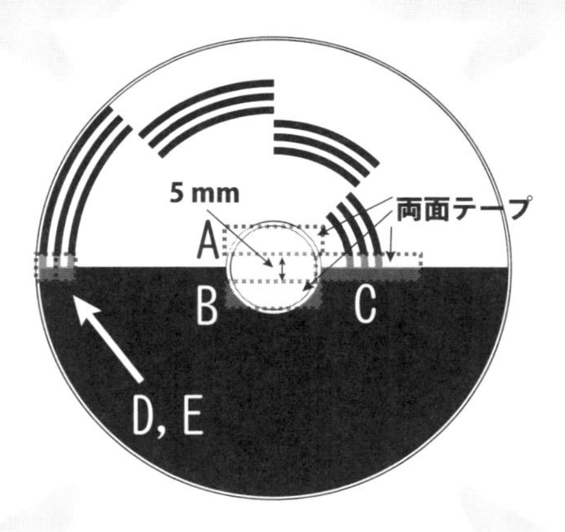

D, Eの部分には，モータの台を貼り付けます。

Cの部分には電気二重層コンデンサを固定します。

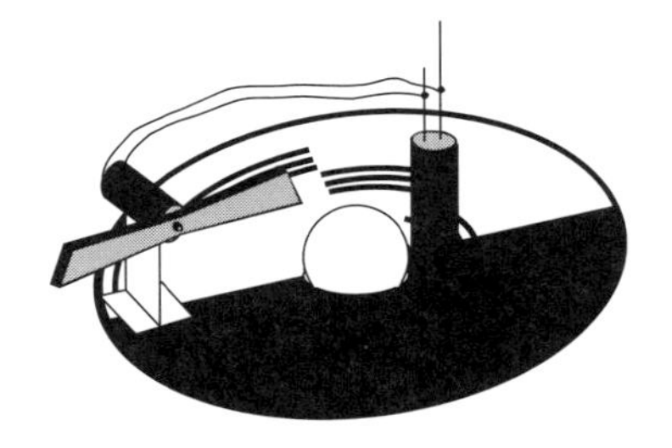

最後にビー玉を上から真ん中の穴に押し込み，両面テープに固定します。

このCDの黒い線や黒く塗りつぶした部分は何だろう？

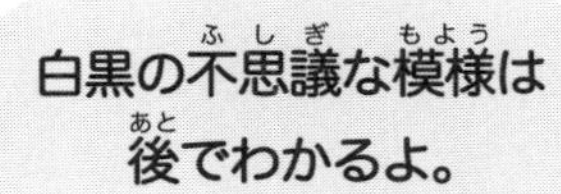

白黒の不思議な模様は後でわかるよ。

 さあ，プロペラCDコマを回してみよう

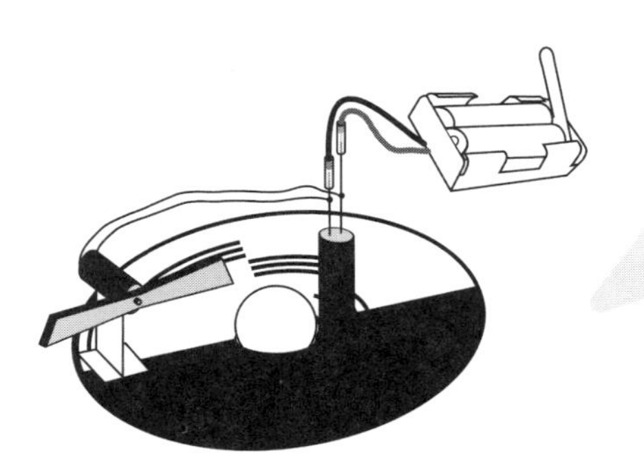

乾電池を入れた電池ボックスの赤いリード線をコンデンサの長い足に，黒いリード線をその短い足に接触させ，コンデンサに電気をためます。

電池をつなぐと，プロペラが
回りますが，CD を手で押さえたまま，
コンデンサを充電するため，
10 秒くらい待ちます。

電池ボックスのリード線を外して，
CD から手を離しましょう。
CD コマが回り始めましたか？

あれ？
回り始めたら CD の線が
黒色だったのに
赤や緑の色に見えるよ。

白黒の不思議な模様は
ベンハムというイギリス人が
作ったもので，目の錯覚，
つまり「錯視」の例として
有名じゃ。

この後は，お父さんやお母さんと一緒に読んで，一緒に考えてください。

モータというと，発電所や工場で音を立てて回っている大きなものや，模型自動車などの小さなものを想像しますが，マイクロモータと呼ばれるような直径数ミリというもっと小さなものもあります。

このような，超小型のモータはいろいろと身近なところで活躍しています。たとえば，携帯電話です。携帯電話でマナーモードにしてあるとき，着信するとぶるぶる振動します。この携帯電話を振動させるのに，この章で使ったような小さなモータが使われています。モータの軸に中心がずれたおもりをつけて回すとこのおもりが揺れるので携帯電話がぶるぶる振動するのです。

次に電気二重層コンデンサとはどんなものか説明します。まず，電池との違いです。電池では電極金属が食塩水などイオンを流す電解質に溶け出したとき，金属に残された電子によって電流が流れるという化学的な現象が起きます。このため，ある時間，電流を流し続けることができるのです。

一方，一般にコンデンサと呼ばれるものは，電気を蓄える働きをするものです。電気を蓄えたコンデンサの電極間には電圧が発生します。しかし，蓄えた電気がなくなれば，電圧はゼロになってしまいます。これが電池との大きな違いです。

この工作で使った電気二重層コンデンサもそのようなコンデンサの1つで，小さくて，軽いのです。特に，電気二重層コンデンサは同じくらいの大きさの電解コンデンサの100万倍以上もたくさんの電気を蓄えることができる不思議なコンデンサです。その理由は，少し難しいので，この後の「保護者の皆さんへ」に書いておきました。

保護者の皆さんへ

電気二重層コンデンサ

コンデンサと呼ばれる電気機器は，発電・送電に用いられる大型のものから，家電機器に用いられる小型のものまでありますが，その働きは電荷を蓄えることです。本文中では「電気」をためるとか「電気」がなくなるという表現をしましたが，正確には，「電荷」を蓄える，「電荷」が消失するといいます。電荷とは，イオン，電子などが帯びている電気的な量であり，単位はクーロン（C）で，電荷量とも言います。電子は負の電荷を持ち，1.6×10^{-19} Cの大きさの電荷量を持っています。

このようなコンデンサは基本的には絶縁層を導体で挟んだ構造をしています。コンデンサに乾電池のような直流電源をつなぐと，陽極とつながった導体にはプラス電荷が，陰極につながった導体には同じ電荷量のマイナス電荷が蓄えられます。これらの導体に蓄えられた電荷は，電極間の絶縁物を通ることができないので，乾電池を外しても理想的にはいつまでも保持されます。この状態では，コンデンサの導体間には，つないだ乾電池の電圧（正確には，起電力という）と同じ電圧が発生しています。

蓄えられる電荷量は次の式のように，コンデンサに加える電圧に比例します。

$$Q = CV$$

Qは導体に蓄えられる電荷量，Vは加える直流電圧です。Cは比例係数ですが，これをコンデンサの静電容量と呼び，単位はF（ファラッド）で表します。静電容量は絶縁物の厚さ（両電極間の距離）に反比例しますので，絶縁物が薄いほど大きな静電容量となり，多くの電荷量を蓄えることができるのです。

電気二重層コンデンサも電荷を蓄えるのですが，構造は少し違います。図の左側のように，電圧をかけた状態では，電解液と導体の大変狭い（nm：ナノメートル程度）界面において，電

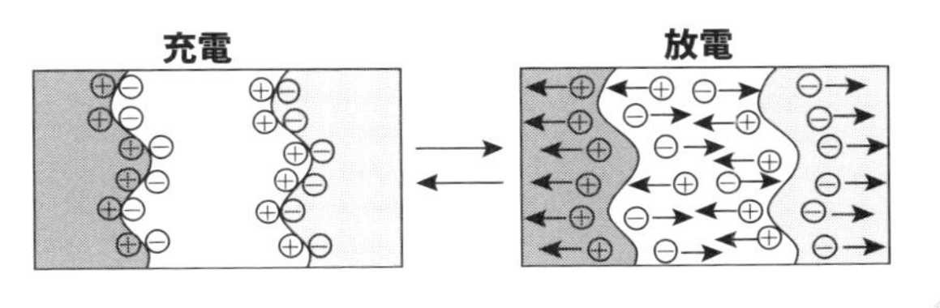

5 プロペラCDコマ

解液中のイオンと導体中の電荷が対向する形で整列する物理的現象（電気二重層）が見られます。これをコンデンサとして利用するものです。電気二重層では正負電荷の距離が極めて小さく，そのため，大きな静電容量が得られます。しかし，一方で，両電極に加える電圧を大きくすると電解液の電気分解を引き起こしますので，普通のコンデンサのように大きな電圧を加えることができません。このような理由から，先端材料であるナノカーボンなどを使って電極導体の表面積を増やし，蓄える電荷量を大きくする試みが為されています。

放電する時は，前ページの右側の図のように，境界に対向した電荷がそれぞれ逆の方向に動くので，外部に電流が流れます。

一方，充電できる電池（二次電池）と比べると，充電回数は無制限で，何回充電しても劣化しない，温度変化にも影響を受けにくい，小型，軽量という幾つかの特徴を持っています。このため，最近の電気自動車やハイブリッド自動車などでは，充電式電池の補助ブースター用として，あるいはコピー機の電源を入れた後の立ち上げ時間の短縮など，様々な用途に応用が考えられています。

工作についての質問，原図（寸法），材料の入手先については巻末をご覧ください。

風の力で車を走らせよう！

風力自動車

風の力で回る風車を使って，車を走らせよう！　ちょっと変わった形の風車を使うと，どんな方向から風が吹いても走る車が作れるよ！

どんな方向から風が吹いても回る風車なんてあるの？

風力発電でよく使われている，3本の羽根を持ったプロペラ風車は，風上を向いていないとよく回りません。一方，クロスフロー風車と呼ばれる風車は，羽根が回転軸に対して平行な向きで円筒形に並べられていて、軸に対して垂直な方向ならどちらから風が吹いても回るようになっています。

どうして，風車は回るのだろう？

風車は、風から力をもらって回ります。羽根が飛行機の翼と同じ形をしていて，風が羽根の周りを流れるときに生まれる力により回るタイプと、風が羽根を押す力で回るタイプがあります。また，風車の回転軸が風の吹く方向と平行な風車と、回転軸が垂直な風車があります。垂直軸風車の特徴は風が回転軸に垂直な方向であれば，どちらから吹いても風車が回転することです。この章で作るクロスフロー風車は風に羽根が押される、垂直軸風車です。

さあ、作ってみよう!
準備するものは何かな?

どんな材料がいるのかな？　※印は巻末を見てください。

● 紙コップ(205 mL)，それ用のふた　各1個

● 風車の型紙※

紙コップから風車を作る型紙です。

● 車輪セット，プーリー　各1個

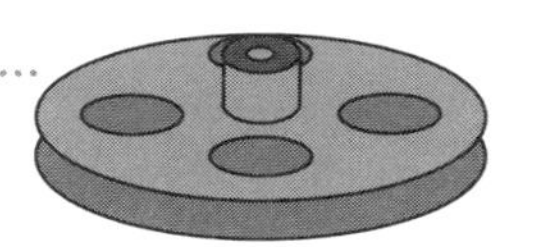

車輪セットは模型用のタイヤが4個、車軸が2本のものを用意します。車軸の長さは12 cm,図のプーリーは直径3 cmのものを使います。

● プラスチック段ボール（プラ段）　各1枚

（大）13 cm × 9 cmの大きさにカットしたもの。

（小）26 cm × 4 cmの大きさにカットしたもの。

● ストロー　2本，竹串，輪ゴム　それぞれ1個

ストローは長さ21 cm,　直径6 mm。竹串は長さ15 cm。輪ゴムのサイズはNo. 14です。

● ワッシャ　2枚，網戸押さえ用ゴムチューブ　1本

ワッシャはM3用，網戸押さえ用ゴムチューブは長さ2 cmです。

どんな道具がいるのかな？

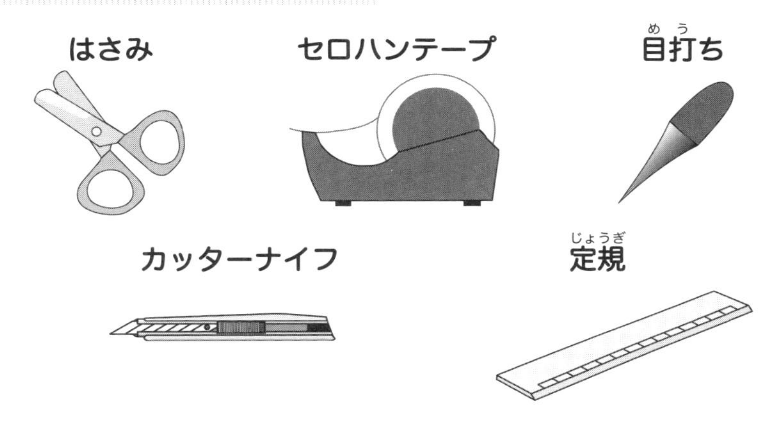

車体を作ろう

13 × 9 cm のプラ段(大)にコの字の切り込みを入れます。●印をつけたところに目打ちで直径 3 mm の穴をあけます。

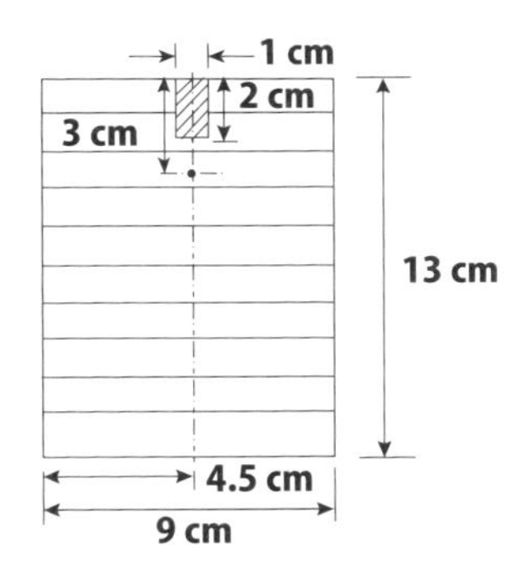

プラ段(小)をその真ん中(13 cm)のところで，「表側」だけカッターナイフで切れ目を入れます。

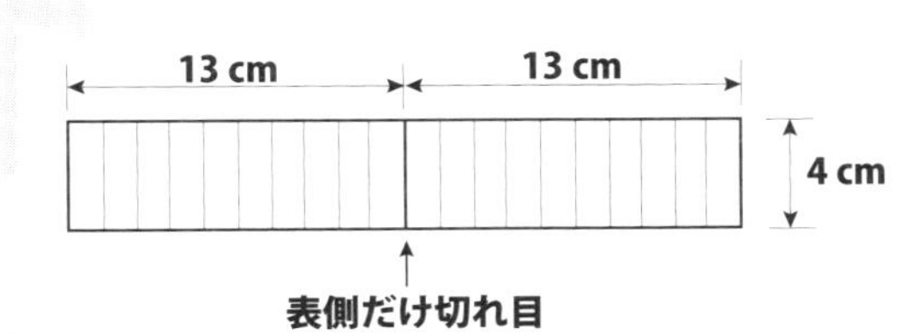

ストローをはさみで切り，長さ 12 cm を1本，長さ 8 cm を1本，長さ 3.5 cm を2本作ります。

12 cm
8 cm
3.5 cm

長さ 3.5 cm のストローを切り込みがある方に貼り付けます。切り込みの方にストローがはみ出さないようにします。

セロハンテープ

切り込み

長さ 8 cm のストローをプラ段(大)の切り込みがない方の端にセロハンテープで貼り付けます。

長さ 12 cm のストローの端から 2 cm の位置に，目打ちで穴をあけます。穴の大きさは，竹串がゆるく通り抜けるくらいです(直径 3 mm くらい)。

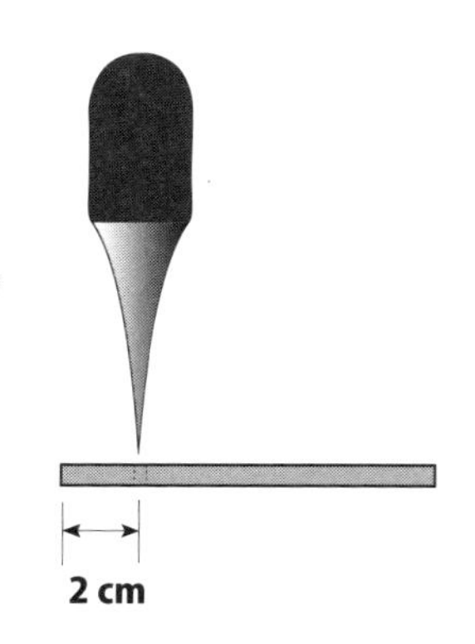

プラ段(小)を三角屋根になるように折り曲げます。

三角屋根に折ったプラ段(小)をプラ段(大)の切り込みのない方にセロハンテープで固定します。

三角屋根プラ段の横のストローに車軸を通し，タイヤを取り付けます。

タイヤを差し込んだ車軸を，切り込みが入っている方のストローに通します。

車軸が切り込みのところまで来たら，軸にプーリーと輪ゴムを通します。

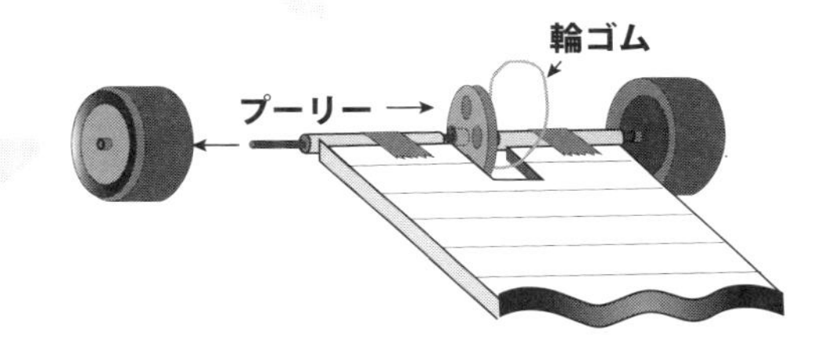

軸をもう１つのストローに通し，もう片方のタイヤを取り付けます。プーリーが切り込みの真ん中になるように調整します。

ストローの穴を上にして置き，ストローの穴のあいていない側の端を三角屋根のプラ段(小)の頂点に両面テープでとめた後，セロハンテープで仮止めします。

風車(ふうしゃ)を作(つく)ろう

紙(かみ)コップの底(そこ)の中心(ちゅうしん)に，目打(めう)ちで穴(あな)をあけます。竹串(たけぐし)がきつく通(とお)るくらいにします。紙コップのふたにも同(おな)じように穴をあけます。

風車の型紙(かたがみ)を外側(そとがわ)の線(せん)に沿(そ)って切(き)り抜(ぬ)きます。これを紙コップにセロハンテープで貼(は)り付(つ)けます。

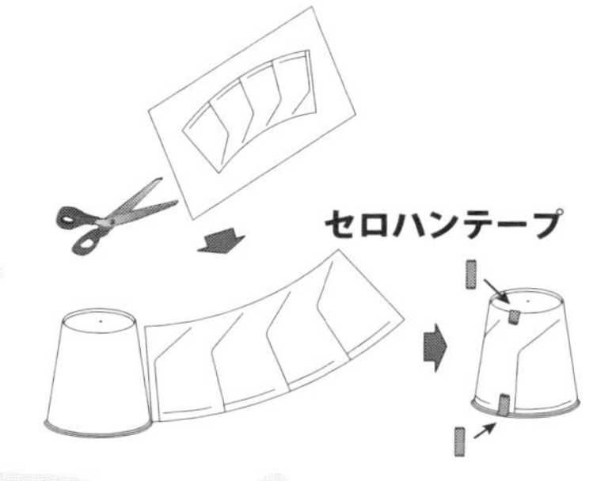

後(あと)からはがすので
あまりしっかり
貼り付けないように。

型紙に沿って，紙コップに切り込(こ)みを入れます。切り込みを入れ終(お)わったら、紙コップから型紙をはがします。

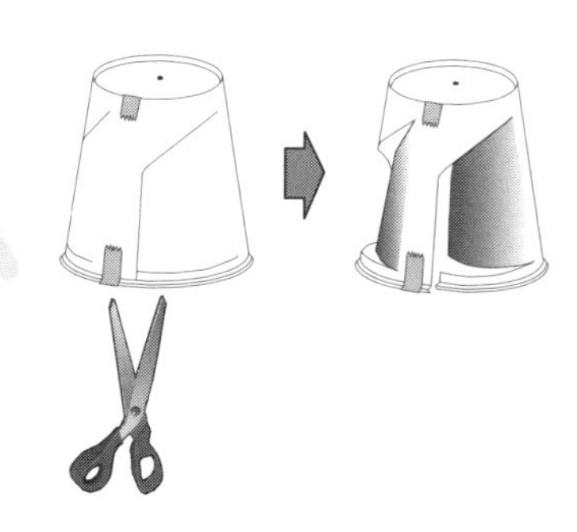

切り込みを入れた紙コップにふたを取り付けます。ふたの溝にしっかり紙コップの縁ををはめ込んで固定します。

ふたをつけた紙コップに12 cm に切った竹串を通します。とがった方が広い口の側になるように通します。

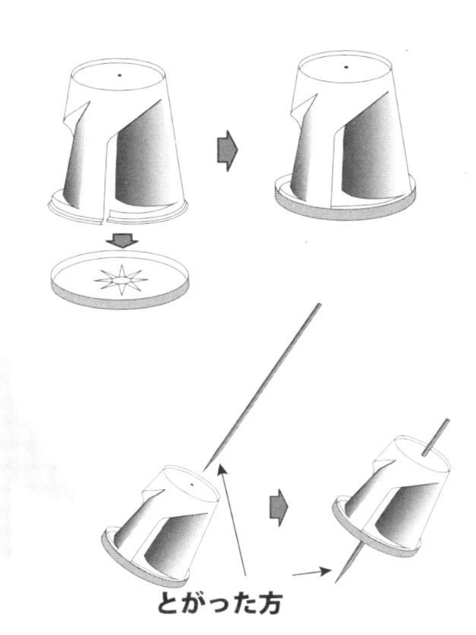

網戸押さえ用ゴムチューブをはさみで 5 mm の長さに切ります（4個）。

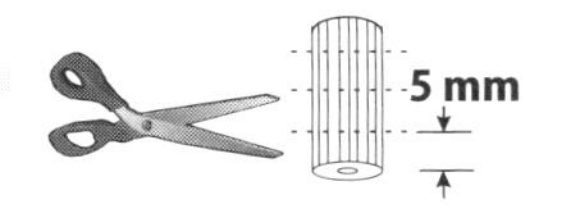

図のように竹串に印をしたら紙コップに通し，印をしたところ（①と②）が紙コップの底とふたの位置に来るようにします。

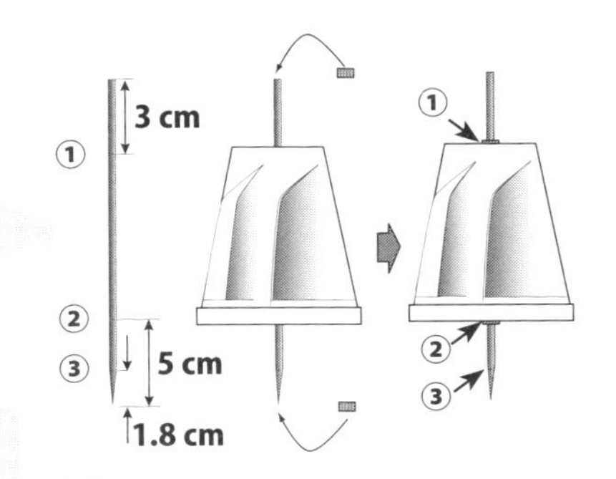

網戸押さえ用ゴムチューブを上下から竹串に通し，紙コップをはさんでとめます。

ワーイ
風車が完成したよ！

風力自動車を組み立てよう

竹串のとがった方を車体にあけた穴に通します。竹串にワッシャ，網戸押さえ用ゴムチューブの順番に通したら印③のところに合わせてとめます。

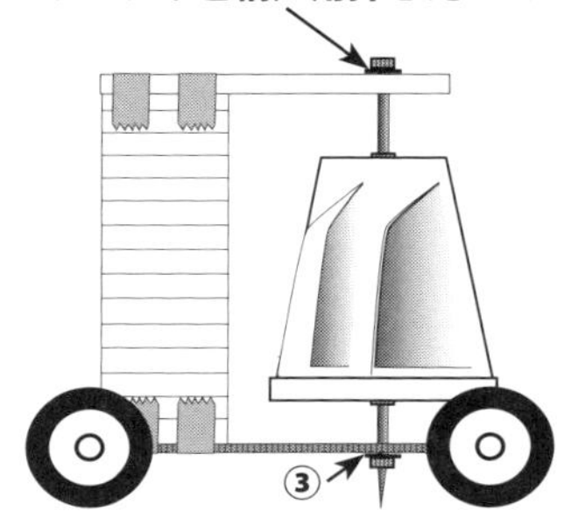

竹串の反対側(とがっていない方)をストローにあけた穴に通したら，竹串の先にワッシャ，網戸押さえ用ゴムチューブの順番に通してとめます。

竹串が傾いていたら、 垂直になるよう，三角屋根のストローの位置を調整します。その後，ストローをセロハンテープでしっかり固定します。

風車の軸に輪ゴムを引っかけます。プーリー側から見て図のように竹串の右側に輪ゴムが来る向きにします。

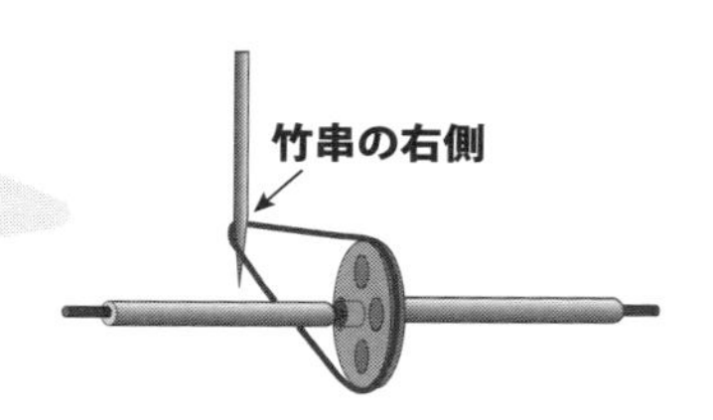

紙コップの風車に息を吹きかけて，車輪が図の方向に回ることを確認します。

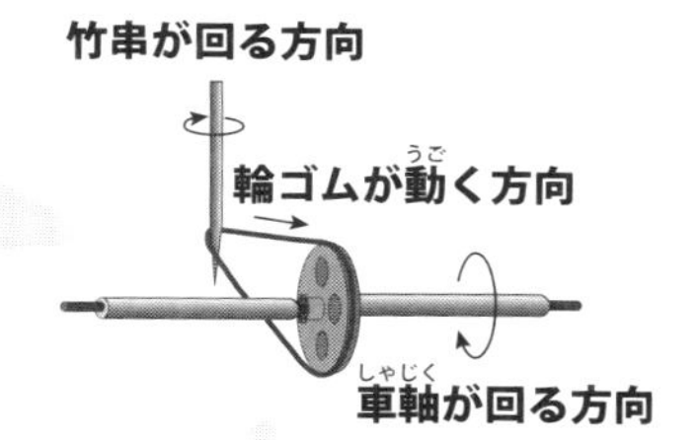

逆に回るようなら、竹串に引っかける輪ゴムを図のようにします。

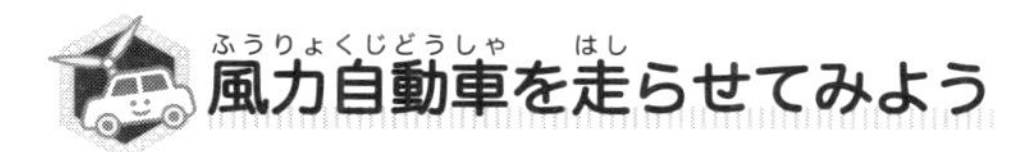

風力自動車を走らせてみよう

風力自動車を床に置いて、
風車にフーッ！　と，
息を吹きかけてみよう。
風力自動車は自分の方に
走って来るかな？

余ったストローで
風車に息を吹きかけると
うまく自分の方に
走って来るね！

この後は，お父さんやお母さんと一緒に読んで，一緒に考えてください。

この章で作った風力自動車は，どのようなしくみで走るのでしょうか？　考えてみましょう。

風の力を回転運動に変える

風が風車にあたると，風車が回転します。あたり前のことと思うかも知れませんが，風の力でうまく風車が回るようにするために，風車にはいろいろな工夫がされています。ここで作った風車は，「クロスフロー風車」とよばれるものです。これは，風が風車に当たって，図のように風車の中を通過するとき，風車の羽根を入口と出口で風が押すことで，回転運動するしくみになっています。

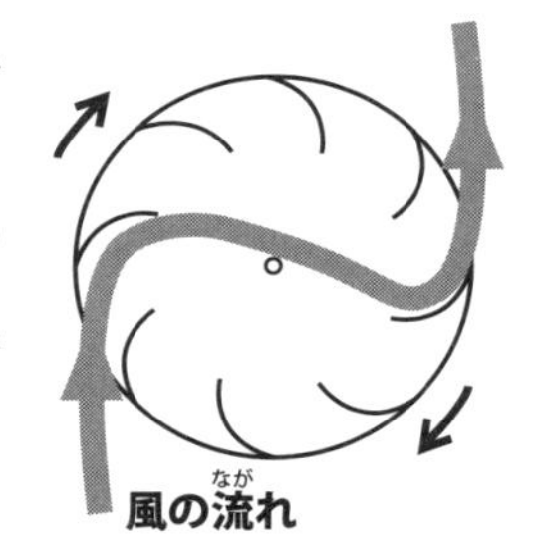

このクロスフロー風車は，皆さんがよく知っている，プロペラ型風車とは違うしくみで，風が風車の軸に垂直な方向であれば，どのような方向から吹いても回転するという特徴を持っています。

風車の回転を車輪に伝える

風の力による風車の回転運動を，どのように車輪に伝えれば良いでしょう？　ここで作った風力自動車では，風車の軸と車輪のプーリーの間に，輪ゴムをかけることで，床に平行な面内の竹串の回転を，車輪を回す方向の回転運動に変えています。輪ゴムをかける向きを変えると，車輪の回転方向が変わることに注意してください。

回転運動の方向を変える技術は，実際の風力発電機や自動車など，さまざまな機械の基本的技術になっています。これらの機械では，歯車を使って回転運動の向きを変えています。

また，風車の軸の直径と，プーリーの直径の違いにも注目してください。風車の軸は細く，これと比べてプーリーの直径は太くなっています。このような太さの関係により，軸の回転する速さよりプーリーの回転する速さは遅くなってしまいますが，その代わりに風車を回転させる風が弱くても，その回転運動を効率良くプーリーに伝えることができます。もしこの太さの関係が逆になったら，つまり風車の軸を太くして，プーリーの直径をそれより細くしたら，どうでしょうか？　この場合，軸の回転の速さより，プーリーの回転は速くなります。その代わりに，軸を回すために，より強い力が必要になります。つまり，風車を回すために，より強い風が必要になってしまいます。これは，口の狭い瓶のふたより，口の広い瓶のふたをあける方が楽なのと同じしくみです。

保護者の皆さんへ

風車といえば，かつては水車と同様に重要な動力源でした。最近では，クリーンなエネルギー源として風力発電が注目を集めるようになり，風車が再び脚光を浴びています。アメリカなどでは既に大規模な風力発電所が稼動しており，国内でも現在，様々な場所に風力発電設備が設けられています。

この工作に含まれる理科的要素は，以下の通りです。

・風車の回転運動

・回転運動の伝達

・回転の変速作用

今回作製したクロスフロー風車は，よく知られているプロペラ形の風車とはだいぶイメージが違っていると思います。風向きによらず回転するという特徴を持っています。風車には様々な型のものがあり，それぞれ特徴があります。風車は一見単純な装置に思われますが，そこには物理学の理論がぎっしり詰まっています。風車が回るのは，風圧という風の力が風車の羽根に抗力や揚力という力を及ぼすためです。

また羽根の回転運動をいろいろな仕事に使うことができるのは，この回転運動が羽根よりも回転半径の小さな車軸に伝えられ，歯車などの機構により運動方向を自由自在に変えることができるためです。より弱い風でより大きな力を得るために，流体力学という学問を駆使し，シミュレーションなどによる風車の動作解析が行われています。

この工作では，風車の回転を輪ゴムで車輪に伝える際，プーリーを使っています。プーリーや歯車，滑車などは，回転数と力の関係を体得するには良い教材です。

風車の回るしくみ，風車がどのように利用されているかなど，お子様と一緒に考えてみてください。

工作についての質問，原図（寸法），材料の入手先については巻末をご覧ください。

息で動かす！ スーハーエンジン

息を吸ったり吐いたりして動かすエンジンを作ろう！　動くしくみは本物のエンジンと同じです。

「スーハーエンジン」とは何だろう？

このスーハーエンジンのしくみは，自動車やオートバイのエンジンと同じです。本物のエンジンはガソリンなどの燃料を爆発的に燃やした熱によるガスの膨張力を使っていますが，スーハーエンジンはスーハーパワーを使います。スーハーパワーとは息を吸ったり吐いたりして皆さんがつくる力です。

ストローを口にくわえ，こきざみに軽く息を吹き込んだり吸ったりすると，エンジンと同じように，皆さんのスーハーパワーでエンジンのピストンにあたる紙コップが行ったり来たりして，それにつながった円盤がくるくると回ります。あまり大きく息をするとスーハーパワーが強すぎてうまく回りません。苦しくなったら深呼吸をしましょう。

どんな材料がいるのかな？　※印は巻末を見てください。

● 紙コップ (205 mL) 4個とそれ用のふた 1個

● ポリエチレン傘袋　1枚

長さ約10 cm。紙コップより大きめの直径で，ごく薄い筒状樹脂シートです。雨の日にデパートなどの入口にある傘袋が使えます。

● 曲がるストロー　1本

長さ約21 cm。

● 透明シート　1枚

透明な柔らかい樹脂シートを用意します。クリアホルダーが便利です。A4サイズ1枚を縦方向の1/4の長さに切っておきます。

● 穴あきプラ棒　1本

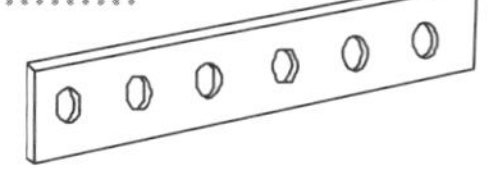

長さ14 cm。ユニバーサルアームやフリーアームという名前で市販されている工作用部品です。

● カーペット鋲　1個

● 網戸押さえ用ゴムチューブ　1本

● 針金　1本

長さ 12 cm。14番手くらいの太さのものを用意します。

● 金折（L型金具）　1個

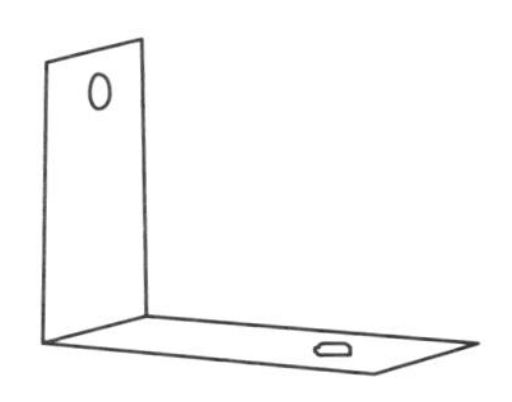

サイズ 25 mm。

● CD-ROM（CD）　1枚

使い古しのCDやDVDでだいじょうぶです。

● M6 ナット　3個と輪ゴム　2本

輪ゴムのサイズはNo. 16です。

● プラスチック段ボール（プラ段）　1枚

230 mm × 100 mm。しっかりとした板ならなんでも代用できます。

● スチレンボード　2個

20 mm角，厚さ 5 mm。

● ストロボシートの型紙※ 1枚

白と黒の模様が印刷された円形のシートです。

どんな道具がいるのかな？

はさみ

セロハンテープ

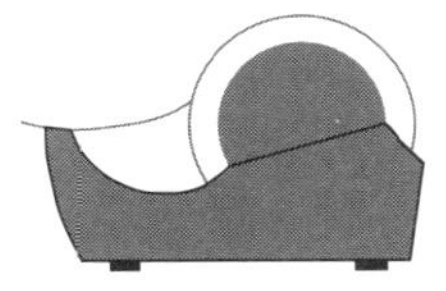

目打ち

ラジオペンチ

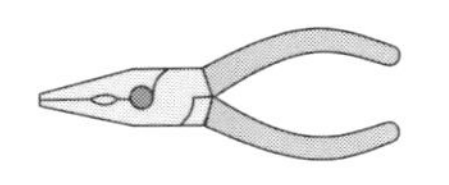

グルーガンとグルースティック（または木工用接着剤）

ピストンとシリンダを作ろう

紙コップの底に穴をあけて，ストローを5 mm くらい差し込みます。空気が漏れないようにグルーガンでとめます。

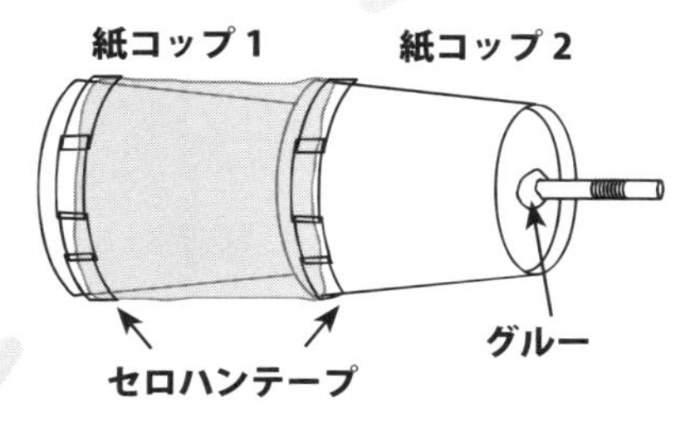

10 cm 幅に切った傘袋を紙コップ 1 と紙コップ 2 にかぶせ，空気が漏れないようにセロハンテープをつないでそれぞれの紙コップにとめます。

ストローを口にくわえて，軽く息を吸ったり吐いたりしてごらん。息が漏れずに，伸びたり縮んだりすれば成功じゃよ！

穴あきプラ棒を折って，7 cm の長さのものを２本作ります。

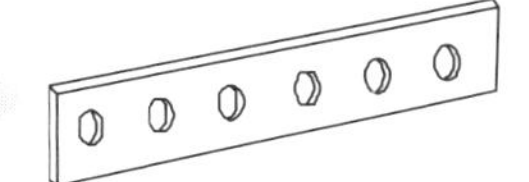

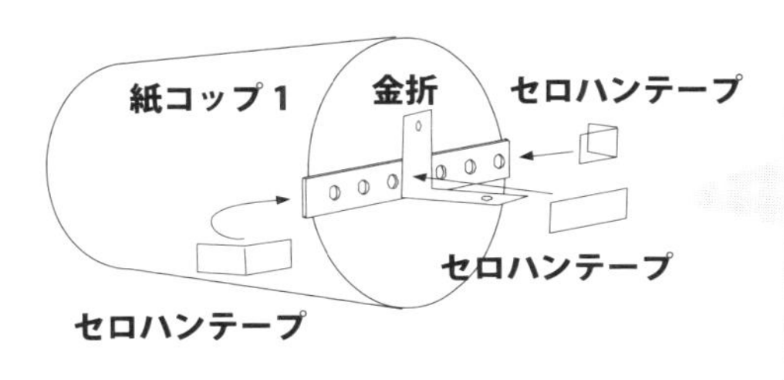

金折をプラ棒の真ん中にセロハンテープでしっかりととめてから，プラ棒を紙コップ１の口の真ん中にセロハンテープでしっかりととめます。

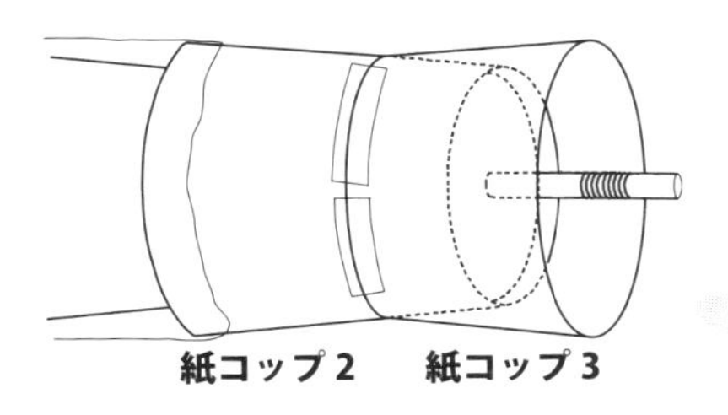

半分に切った紙コップ３をストローのついた紙コップ２の外側からかぶせて，セロハンテープでとめます。

クランクと回転台を作ろう

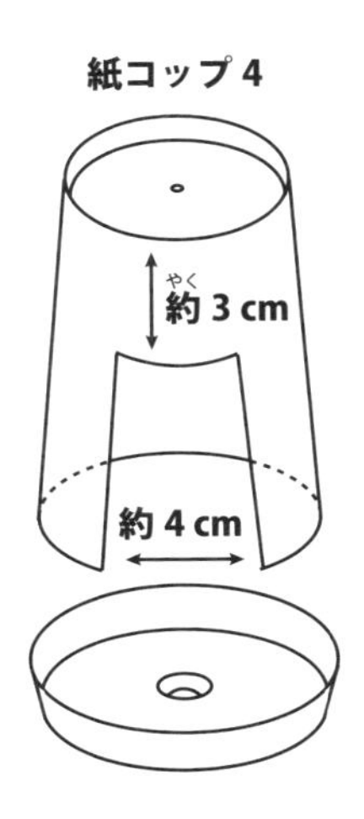

紙コップ４の底の中央に目打ちで穴をあけ，針金が通るようにします。

図のように紙コップ４の一部分を切り抜き，ふたにはめ込みます。

紙コップとふたを一緒に，プラ段の端にセロハンテープでしっかりととめます。切り抜いた窓の部分は，プラ段の長い方を向くようにします。

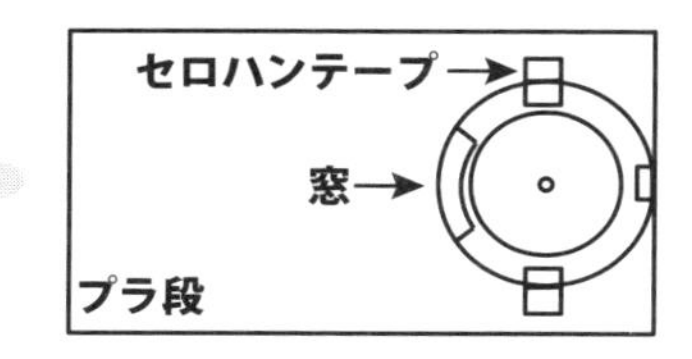

12 cm の長さの針金をラジオペンチで曲げてクランク棒を作ります。

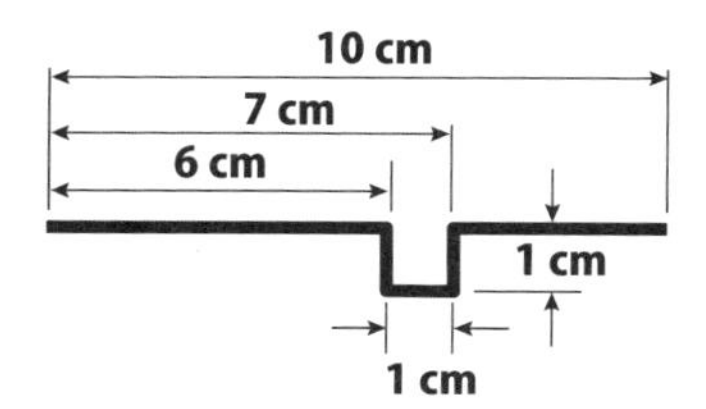

CD にナットを 3 つ両面テープでとめます。3 つのナットが同じ間隔となるようにしましょう。

2 cm 角のスチレンボードを 2 枚重ねて貼り付け，CD の中心の穴に貼り付けます。ナットと同じ面に貼ります。

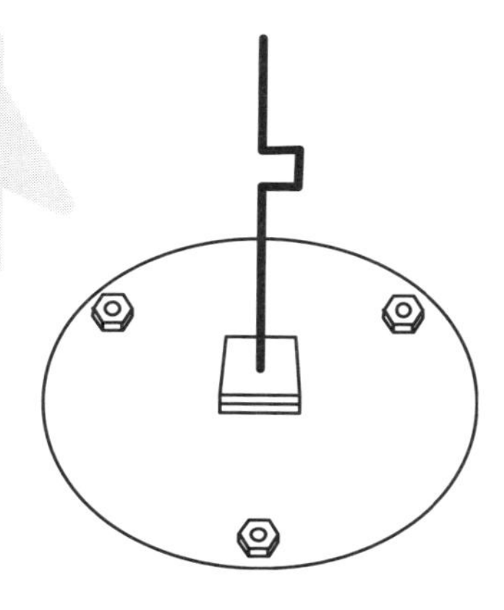

クランク棒の長い方をまっすぐに(垂直に)スチレンボードの中央にさします。

さあ，エンジンの組み立てだ

①クランク棒を紙コップの底にあけた穴に通します。穴あきプラ棒の一番端の穴にクランク棒を通し，曲がった「コ」の字の部分に引っかけます。

②クランク棒の先はコップふたの中心にさします。

③透明シートを丸めて筒にして，6 cmくらい重ねてセロハンテープでとめます。

④ストローで空気を吸い出し，じゃばらを縮めます。右端のコップの飲み口から約3 cmほどの位置に透明シートの筒の右端が来るように筒をかぶせ，筒をプラ段にセロハンテープで仮止めします。

⑤紙コップのピストン・シリンダーを透明シートの筒に通したら，金折の穴にカーペット鋲を通し，セロハンテープで固定します。その後，カーペット鋲の針にプラ棒を通し，保護のため，網戸押さえ用ゴムチューブをかぶせます。

⑥透明シートの筒に仮止めしたセロハンテープを外し，ストローから息を吸ったり吐いたりしてうまくCDが回転するようにシリンダーの位置を調整します。位置が決まったら，透明シートの筒をしっかりとプラ段の台にセロハンテープでとめます。最後に紙コップを輪ゴムでとめます。

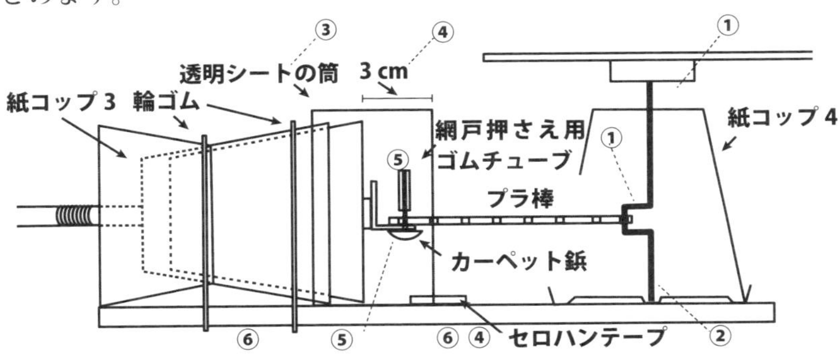

この後は，お父さんやお母さんと一緒に読んで，一緒に考えてください。

自動車やオートバイはタイヤが回転して進みます。タイヤはエンジンが回しています。エンジンを動かすには燃料が必要です。では，エンジンは燃料を使ってどうやって回す動きを作るのでしょうか。

ガソリンエンジンは燃料でどのように回るのだろう

自動車のガソリンエンジンはガソリンを燃料に使います。燃料のガソリンは、エンジンに注入されて，点火プラグで着火されると，爆発してガスを作ります。ガスの体積は液体のときの約800倍にも膨張します。この膨張したガスは，シリンダーという筒の中にあるピストンという筒型の部品を押します。するとそれにつながっているクランクという軸が回ります。この軸がいくつもの歯車を回転させて，最後にタイヤを回します。

このスーパーエンジンの工作では，ガソリンエンジンの一番重要なピストンとシリンダーを紙コップとポリエチレンの袋で再現し，燃料のガスの力の代わりに息の力で紙コップの筒を押したり引いたりします。

押したり引いたりで円盤が回るのはなぜ？

押したり引いたりするだけでは，まっすぐな動きですから，円盤を回す運動にはなりません。ガソリンエンジンのクランクの働きをする，曲がった針金とプラ棒がまっすぐな動きを回る動きに変えています。

また，ナットの重りをCD-ROMに貼り付けましたが，これも回し続けるために必要な部品で，回し続けるにはちょうどよい重さが必要です。

【発展】スーハーカーを作ろう！

スーハーエンジンを搭載したスーハーカーを作ってみましょう。プラ段などで車体の枠を作り，CDの円盤は縦になるようにエンジンをとりつけます。円盤が地面につかないように大きめの紙皿の車輪を取り付けます。ストローはセロハンテープでつないで長くします。皆さんもいろいろと工夫してみてください。

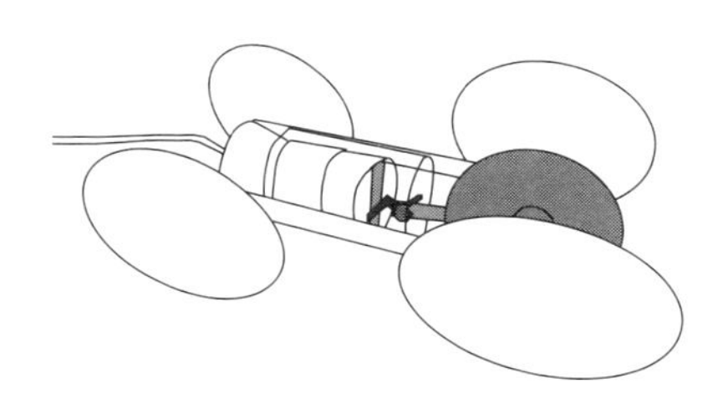

保護者の皆さんへ

この工作は自動車やオートバイのエンジン（レシプロエンジン）と同じ運動の原理で動いています。詳しい方なら単気筒2行程エンジンといえばわかるでしょう。

本物のエンジンでは，燃料の爆発力や蒸気の加圧力をつかってピストンが押され，反動力や弁の切り替えで戻されます。スーパーエンジンは息を吐く力でピストンを押し，吸う力で戻しています。専門的に厳密にいえばエンジン（＝熱機関）ではありませんが，気体の加圧力を使うという点では同じです。

往復運動を回転軸に伝える仕組みが「リンク機構」です。この工作ではクランク（針金の曲がった部分）と連結棒（プラ棒）で作っています。でも，クランクを往復させるだけでは回転台はうまく回りません。もう一つの大事な仕組みはCD-ROMのまわりにつけた3つのナットです。このナットが重りになっていて，慣性力で回転を維持しようとします。この仕組みを「フライホイール（はずみ車）」といいます。本物のエンジンにもクランクやフライホイールに相当する仕組みが必ず備わっています。

息の力を使う玩具や工作はたくさんありますが，吸う力と吐く力を両方活用するものはあまりありません。息つぎのコツをつかめばずっと回し続けることもできます。通常の呼吸よりはずっと肺に入る空気の量は減ってしまいますので，お子さん達が無理をし過ぎないように注意してください。

工作についての質問，原図（寸法），材料の入手先については巻末をご覧ください。

KOUSAKU

8 動く LED ビー玉レンズ

KYOSHITSU

LED ビー玉レンズ

透明な円筒の中を転がるビー玉レンズによって，きれいな花が次々と現れては消え，その中心でLED（発光ダイオード）がピカピカ点滅する光の映像実験機を作ります！

「動くLEDビー玉レンズ」って，どんなものかな？

ビー玉レンズは球レンズです。球レンズは，屈折率が2以下の場合，入射平行光線を球レンズの反対側の外側で集めます。この工作では屈折率が約1.5のガラス製ビー玉を球レンズとして使います。ビー玉を外側に絵をまきつけた透明円筒ケースに入れて転がします。そうすると，LED光源により周りの絵がビー玉レンズの中に取り込まれ，次々に変わるきれいな映像が見られます。

どうして，そんな不思議なうごく映像が見えるの？

ビー玉レンズに取り込まれた透明円筒ケースの外側の絵からの光が，ビー玉レンズを出て透明円筒ケースの内側表面で鏡のように反射します。ビー玉が円筒ケースを転がって移動するとビー玉に取り込まれる絵がその場所によって変わるので，円筒ケースの端から見ると不思議なうごく映像が見えるのです。

どんな材料がいるのかな？　※印は巻末を見てください。

● 透明ガラス製ビー玉　1個

直径30 mmです。

● 透明円筒ケース「長いクリアケース」（ふた付き）　1本

直径32 mm，厚さ0.2 mm，長さ300 mmです。

● 透明円筒ケース「短いクリアケース」（ふた付き）　1個

直径32 mm，厚さ0.2 mm，長さ55 mm。中心に直径7 mmの穴をあけます。

● 自己点滅3原色LED　1個

素早く色の変わる5 mm砲弾型自己点滅3原色LEDを使います。

● LED用取り付けソケット　1個

5 mm LEDを固定するソケットで2つの穴があいています。

● LED用円錐型リフレクタ　1個

5 mm LEDの光を反射させる円錐型のミラーです。

● 単三乾電池　2個

● 単三乾電池2個用電池ボックス　1個

リード線とスイッチ付きを使います。

● トレーシングペーパー製の円板　2枚

直径12 mmです。

● トレーシングペーパー　1枚

104 mm × 300 mmに切ります。

● 三角形の頭を5山持つ色紙※　7枚（7色）

のこぎりの刃のような5つの山の形をした色紙です。7色揃えます。
大きさは下の図を参照してください。

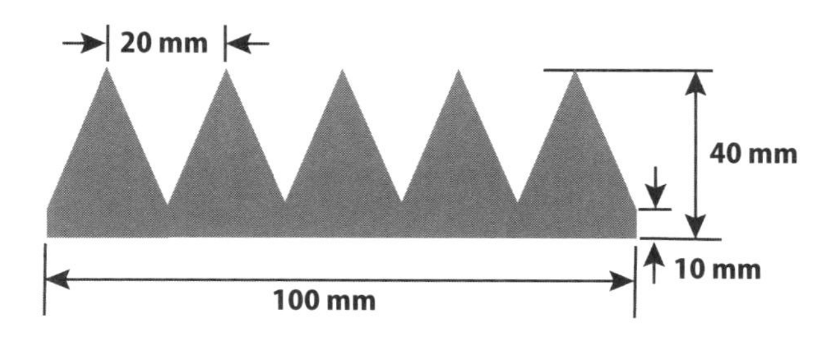

どんな道具がいるのかな？

はさみ

セロハンテープ

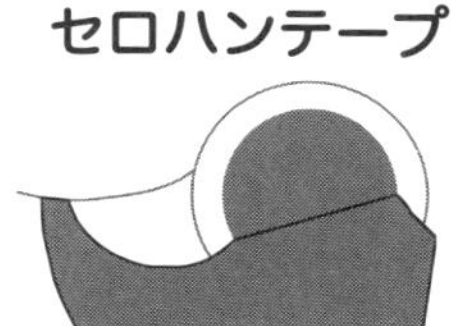

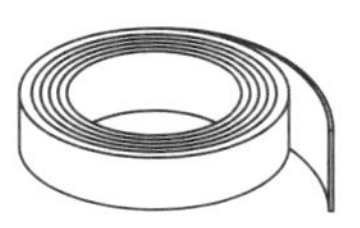

ラジオペンチ

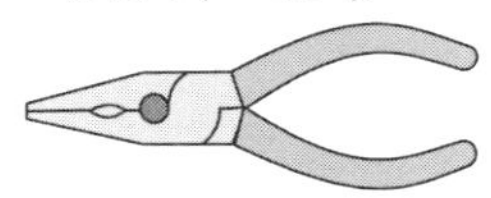

ビー玉を入れる透明円筒ケースを作ろう

長い透明円筒ケースにビー玉を入れてふたをしたらセロハンテープを巻いてとめます。

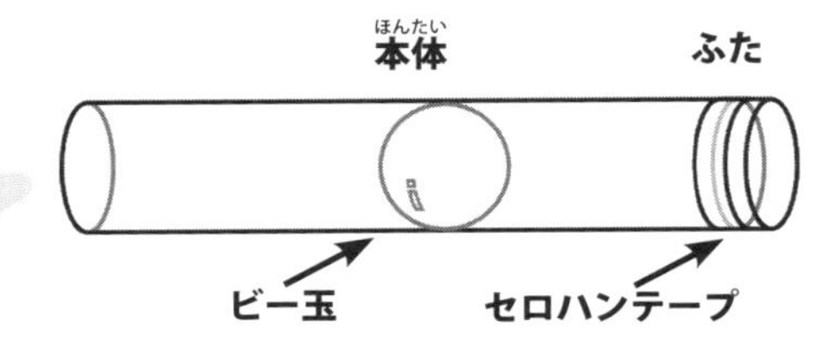

透明円筒ケースに7色の山形の色紙を巻きつけ，セロハンテープでとめます。

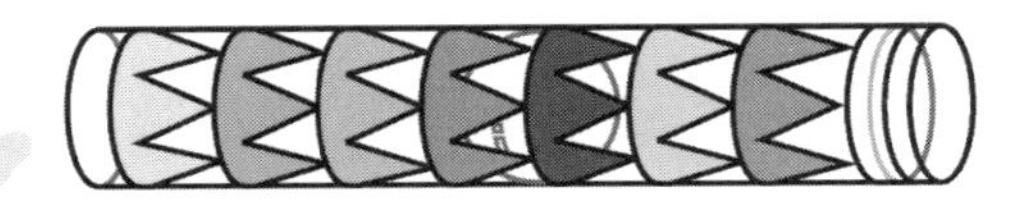

両端は貼らないで約2 cm残す。

自己点滅3原色LEDの工作をしよう

LED用取り付けソケットの穴にLEDの足を差し込んで，外れないよう足を広げます。

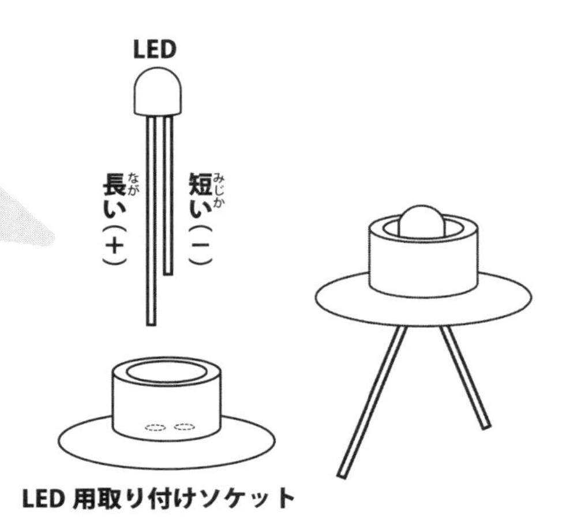

LED用取り付けソケットを短い透明円筒ケースのふたの穴に差し込みます。ふたの内側に出たLED用取り付けソケットに，上から円錐型リフレクタをはめてふたに固定します。

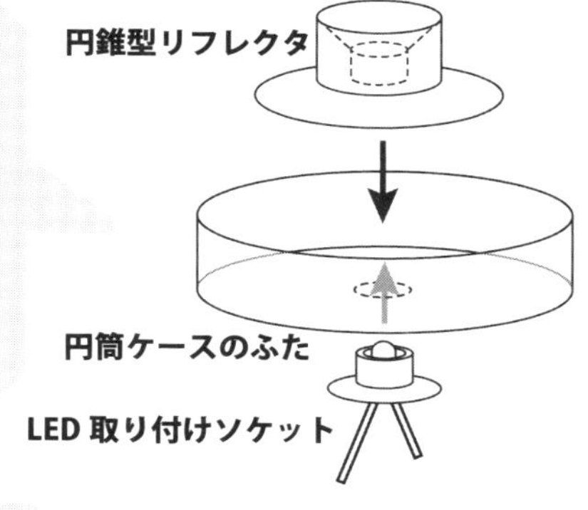

円形に切ったトレーシングペーパー2枚を円錐型リフレクタにかぶせてセロハンテープで固定します。LEDの光を弱め，拡散させるためです。

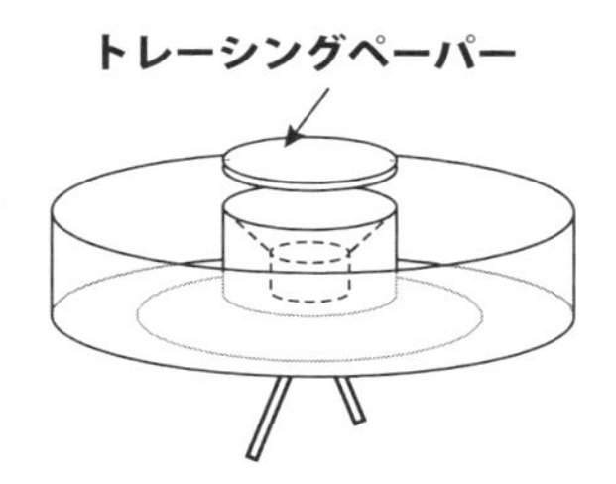

LED用取り付けソケットを固定したふたを短い透明円筒ケースの本体にかぶせ，その上からセロハンテープを巻いてとめます。

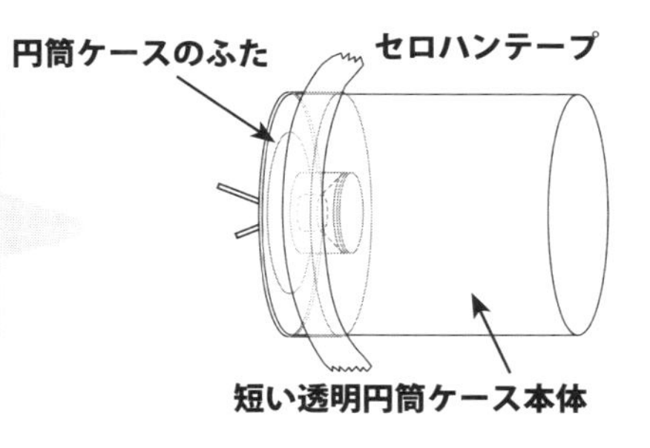

ワーイ，
かなりできたね。
後もう少しだ！

電池ボックスの裏側に強力両面テープを貼り付け，短い透明円筒ケースに固定します。

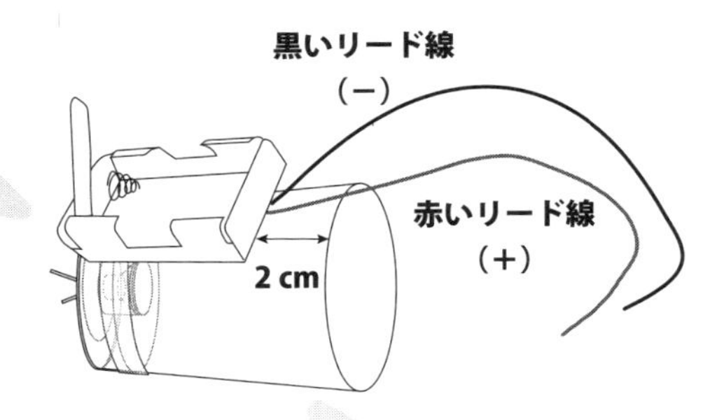

円筒ケースの底の方から2 cmあける。

LEDの長い足の根もとに，先の被覆をむいた電池ボックスの赤いリード線を，短い足に黒いリード線を巻き付けます。ペンチで足の真ん中くらいのところを折り曲げ，リード線が抜けないように固定します。

足を曲げて透明円筒ケースに押しつけ，その上からセロハンテープで固定します。そのとき，＋極と−極が接触しないように気を付けます。

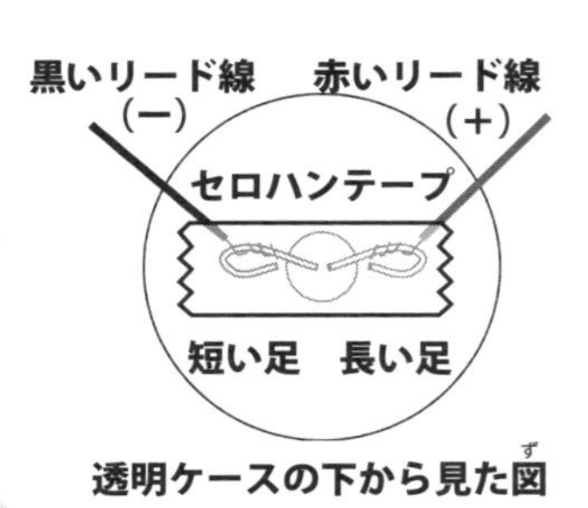

透明ケースの下から見た図

乾電池を電池ボックスに入れて，LEDが光ることを確認します。乾電池の向きを間違えないように注意します。

動くLEDビー玉レンズの各部品を組み立てよう

方向に注意して，図のようにLEDをつけた短い透明円筒ケースと色紙を貼った長い透明円筒ケースをつないでセロハンテープを巻きつけて固定します。

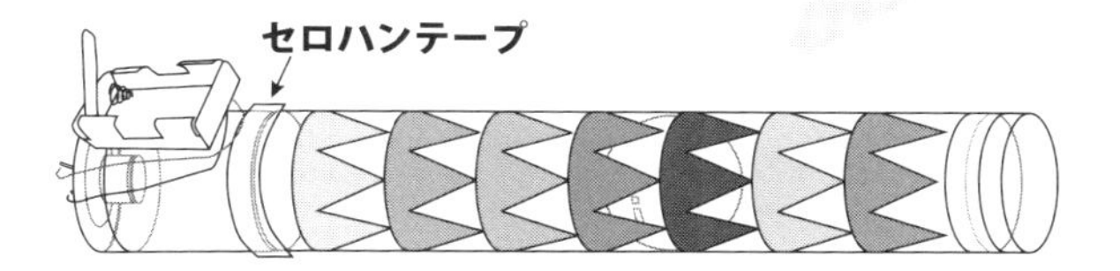

色紙を貼った透明円筒ケースの外側に半透明のトレーシングペーパーを巻きつけてセロハンテープで固定します。外の景色が入らないようにするためです。

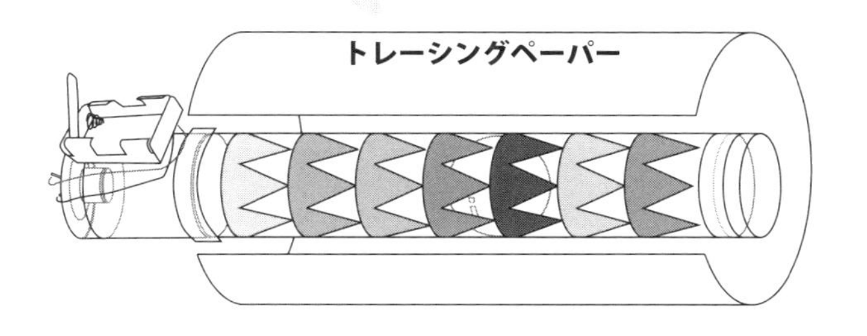

円筒を少し傾け，
ビー玉を転がして右側のふたから，
のぞいてみるのじゃ！

ワーイ，完成だ！
どうやって
見るのかな？

この後は，お父さんやお母さんと一緒に読んで，一緒に考えてください。

乾電池をホルダーに入れたら，スイッチを入れて，ビー玉が入った透明円筒ケースのLEDが付いていない方の端からのぞき，少し円筒を傾けるとビー玉が転がります。ビー玉が移動するにつれて，円筒ケースの周囲に貼り付けた山形の色紙が花のように見え，それらが現れたり，消えたりします。そしてその花の中心（めしべ）のところでLEDが点滅して光っているように見えます。なぜ花が現れたり，消えたりするかを考えてみましょう。球レンズやLEDなどの新しい面白い使い方なども考えてみましょう。

保護者の皆さんへ

透明円筒ケースの中にビー玉を入れ，その外側に多色ビニールテープをらせん状に巻いて，渦状に変化するカラフルな像を楽しむようにした工作が2004年に作られ，日本万華鏡大賞のアイデア賞を受賞しています（第5回日本万華鏡大賞アイデア賞「美玉螺旋筒」小林朝美，2004年）。

今回の工作ではこの円筒に3原色自己点滅LEDの光源を内蔵する円筒を付け，さらに円筒の外側に山形の7色の色紙を貼り付けました。こうすることにより，明るく，カラフルで，動く映像が得られます。

球レンズの原理

ビー玉レンズは球形レンズ（厚肉レンズの一種）です。球形レンズの結像について解説します。参考にしてください。

右図のような厚肉レンズに対する焦点距離 f は(1)式で表されます。

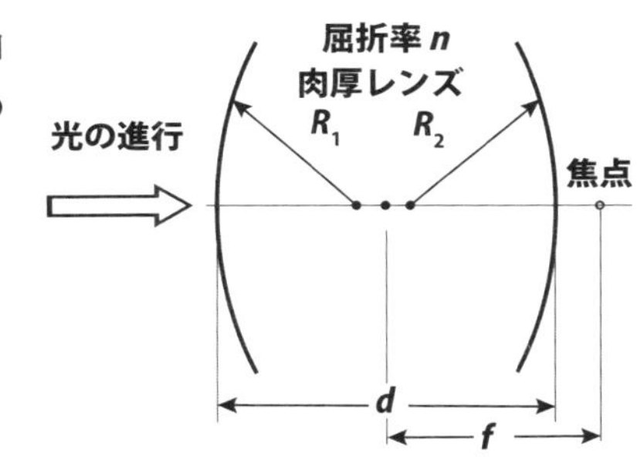

$$\frac{1}{f} = (n-1)\left(\frac{1}{R_1} - \frac{1}{R_2}\right) + \frac{d(n-1)^2}{nR_1R_2} \qquad (1)$$

球レンズでは $R_1 = r$，$R_2 = -r$，$d = 2r$ です。これを(1)式に代入して変形すると，次の(2)式になります。

$$\frac{1}{f} = \frac{2(n-1)}{nr} \qquad (2)$$

(2)式で分かるように，屈折率 n が 2 の球レンズでは焦点はレンズ表面になり（$f = r$），屈折率 n が 2 以下の球レンズでは焦点はレンズの外側になります。今回使う直径30 mm（r = 15 mm）で屈折率 n が約1.5のガラス球レンズでは f = 22.5 mm となり，平行に入射した光は入射の反対側で，レンズの表面から7.5 mmの位置に焦点を結ぶことになります。すなわち，レンズ近くの物体の光がレンズに取り込まれることになります。

球レンズではレンズ中心の光軸から離れた物体の像は歪みが大きくなる欠点があります。今回はこの性質によって三角山型を花型にしています。また，球レンズでは直径が小さいほど倍率が高くなります。

オランダのレーウェンフックは，直径1 mm程度のガラス玉（球レンズ）を使って顕微鏡を作り，色々な生物を観察したことで有名です。最近，球レンズは光ファイバーでの光の結合レンズとしても使われています。

工作についての質問，原図（寸法），材料の入手先については巻末をご覧ください。

KOUSAKU

9 光るLEDルミネサーベル

KYOSHITSU

ブラックライトと蛍光液で光の剣を作ってみよう！　光が通ったところだけルミネセンスで光るので手軽に「光の道すじ観察」ができるよ。

「ルミネセンス」ってなぁに？

ルミネセンスとは，物質が光エネルギーなどを吸収して，自ら発光する現象のことです。皆さんも聞いたことのある「蛍光」もルミネセンス発光の1つです。身近にある蛍光といえば，蛍光ペンがありますね。蛍光ペンで書いた文字や絵は日光の下でも明るく見えますが，紫外線の光（ブラックライト）をあてるとさらに明るくなり，発光していることがよくわかります。

光の通り道が見える？

かべに向けて懐中電灯をつけてみよう。光が通っている道すじを見ることができますか？　煙をはき出すスモークマシンなどを使って実験すれば光の道すじを見ることができますが，蛍光液とブラックライトを使えばもっと手軽に「光の道すじ観察」をすることができます。

どんな材料がいるのかな？　※印は巻末を見てください。

● 蛍光液　50 mL

無色透明，水性蛍光液。作り方は，92ページの「保護者の皆さんへ」を参考にしてください。

● UVLED（紫外線発光ダイオード）　1個

波長400～410 nm（ナノメートル），5 mm砲弾型UVLED。

● 抵抗10Ω（オーム）（茶黒黒），1/4W　1個

左から3本の色の帯が抵抗の値，1番右の色の帯はその誤差を示します。

● 単四乾電池2個用電池ケース　1個

直列型，リード線付き。

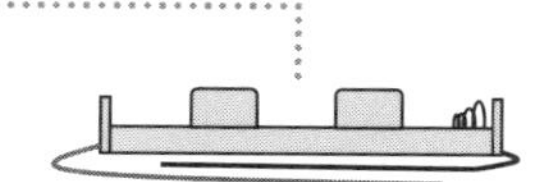

● 単五乾電池　3個

単四乾電池2個用電池ケースに単五乾電池がちょうど3つ入ります。

● ゼムクリップ　1個

長さ3 cmくらいのもの。

● アルミ粘着テープ　1枚

長さ4 cm，幅3 cmです。

● 網戸押さえ用ゴムチューブ　1個

黒色，内径5 mm，長さ15 mmです。

● 透明ホース　1個

外径16 mm，内径14 mm，長さ320 mmです。

● 透明パイプ　1個

外径22 mm，内径19 mm，長さ500 mmです。

● シリコンゴム栓　1個

サイズ2号。下径14 mm × 上径18 mm × 高さ20 mmです。

● ゴムキャップ　2個

内径22 mmです。

● ビー玉（無色透明）　各1個

直径17 mm（ビー玉A）。

直径15 mm（ビー玉B）。

● 鍔の型紙※　1枚

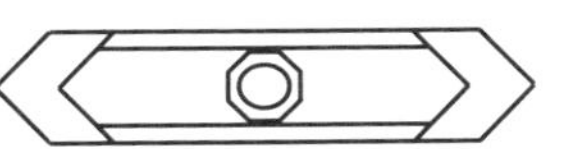

画用紙に図のような模様を印刷します。

大きさは，90ページを見てください。

どんな道具がいるのかな？

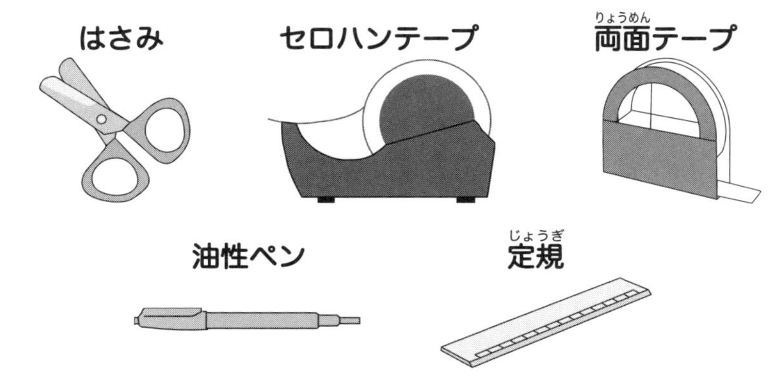

 ブラックライトを作ろう

UVLEDの＋極(足が長い方)と抵抗の足(どちらの足でもよい)をねじってつなぎます。抵抗を折り返しておこう。

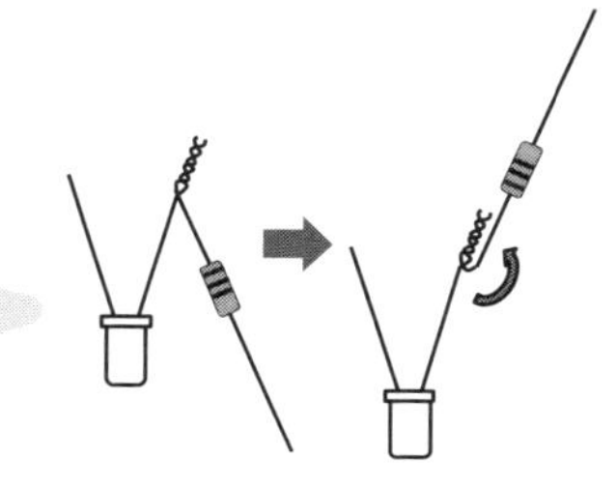

アルミ粘着テープを 3 cm × 3 cm と 3 cm × 1 cm の大きさに切ります。

3 cm × 3 cm のアルミ粘着テープを粘着面が内側になるように半分に折り，貼り合わせます。

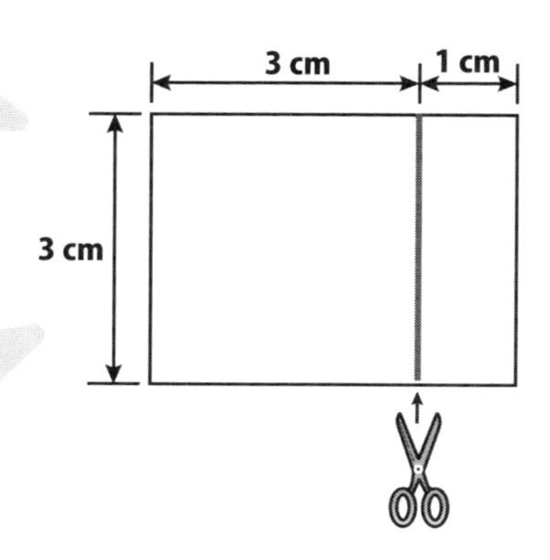

半分に折ったアルミ粘着テープの上に抵抗の足を置きます。

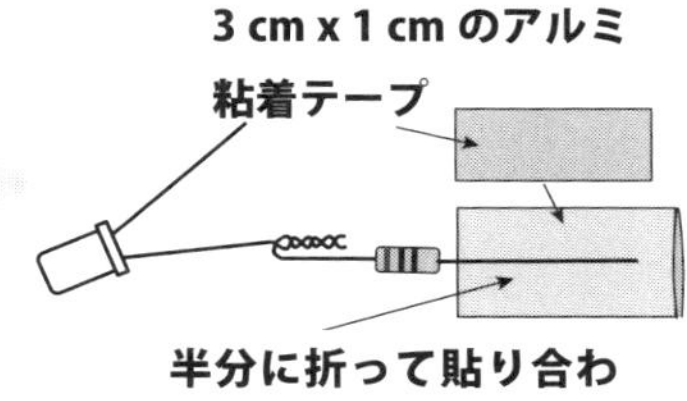

アルミ粘着テープの上に置いた抵抗の足の上から，3 cm × 1 cm のアルミ粘着テープをしっかりと貼り付けます。

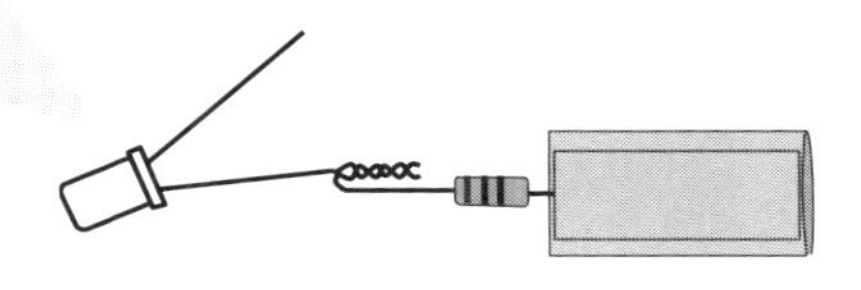

電池ケースの－極側(スプリングがある方)の穴にセロハンテープを貼ります。

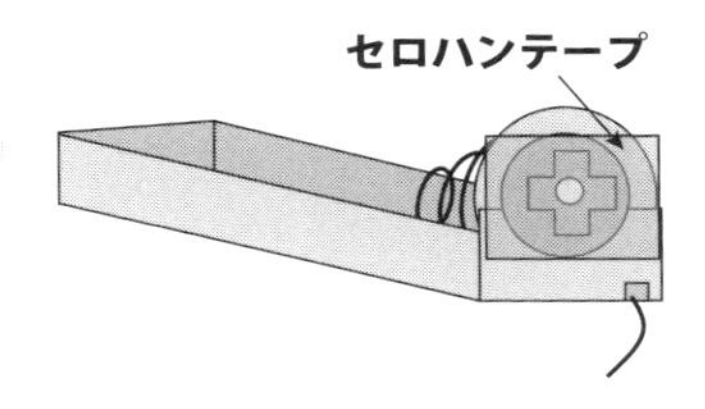

UVLED の－極(短い足)を電池ケースの外側から－極の穴に斜めにさして通します。(セロハンテープを突き破る)

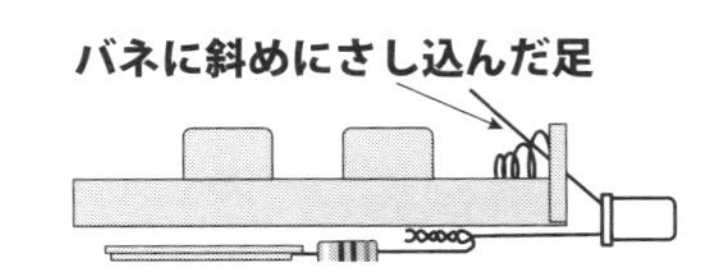

電池ケースの底面に抵抗をセロハンテープで固定します。

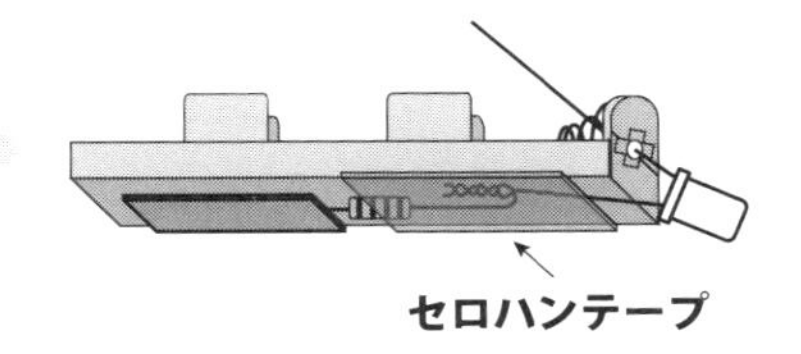

UVLED の－極の足を曲げて電池ケースの側面にセロハンテープで固定します。

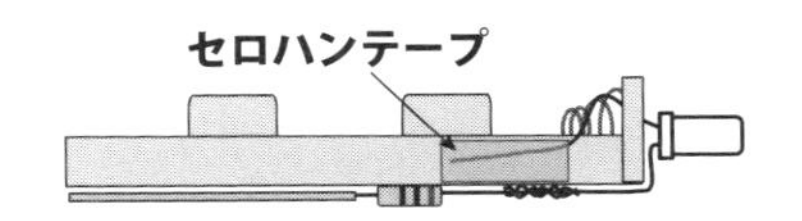

電池ケースの赤いリード線(＋)の被覆をむき，2 cm ほど芯を出して，それをゼムクリップに巻きつけてセロハンテープで固定します。

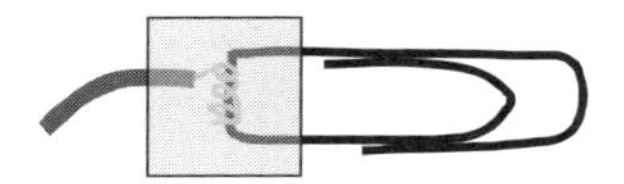

ゼムクリップの 1/3 くらいの部分をはさむようにセロハンテープを貼ります。

UVLED に黒い網戸押さえ用ゴムチューブをかぶせ，単五乾電池３本を電池ケースに入れればブラックライトの完成です。

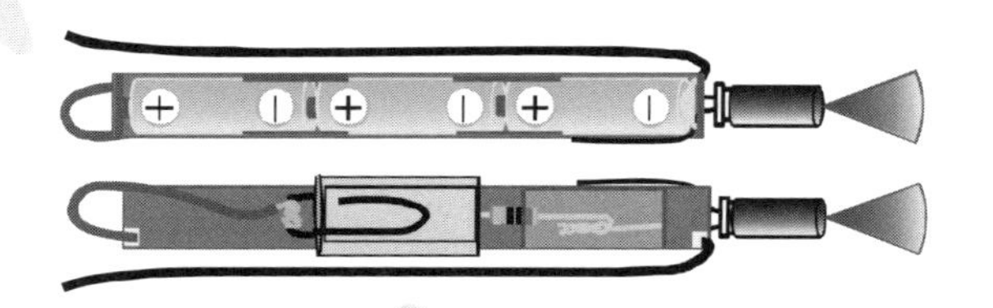

ゼムクリップ(＋極)とアルミテープ(－極)をつなぐと UVLED が光ります。

蛍光液チューブを作ろう

手順①　透明ホースの口に直径 17 mm のビー玉 A を押し込みます。

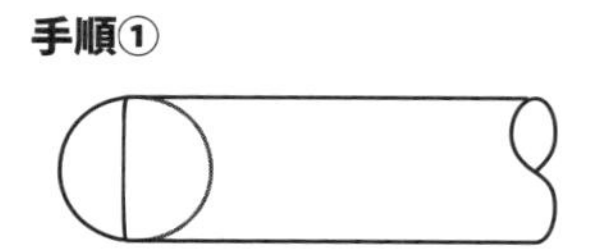

手順②　もう一方のホースの口から 2 cm のところに印をつけ，蛍光液をこぼさないように入れます。

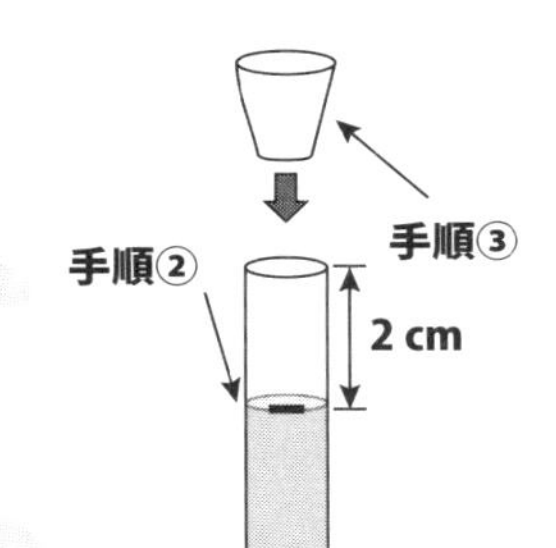

手順③　ゴム栓をしっかり押し込んで栓をします。

ビー玉のある端からブラックライトをあててみよう。光の道すじが見えるかな？

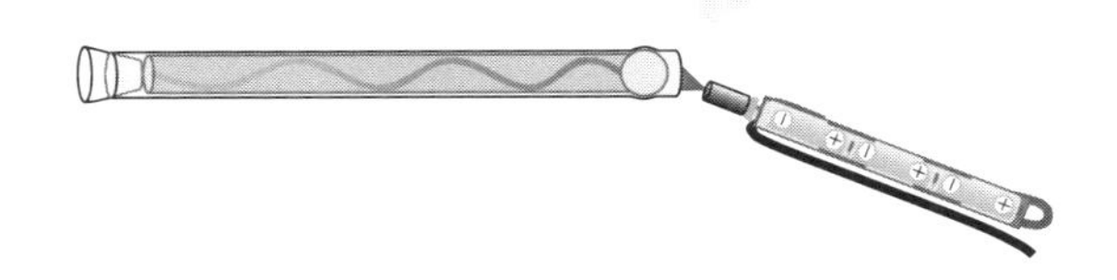

LEDルミネサーベルを組み立てよう

手順①　透明パイプに蛍光液チューブを入れ，ゴムキャップをします。
手順②　反対側からビー玉 B (15 mm)を入れたあと，ブラックライトを入れます。

手順③　ゴムキャップに切り込みを入れます。切り込みから黒リード線を外に出すようにしてゴムキャップをかぶせます。

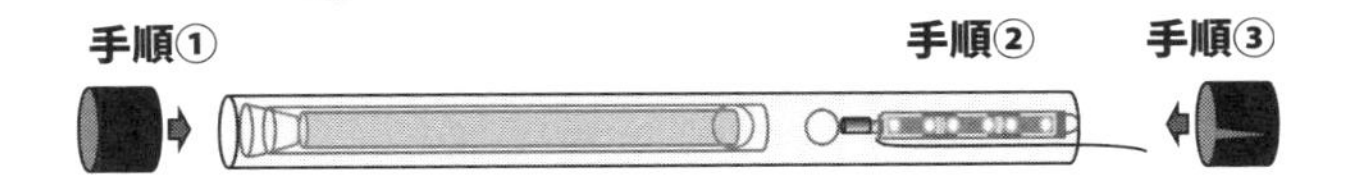

鍔を画用紙で作ります。好きな形に作っても楽しいよ。

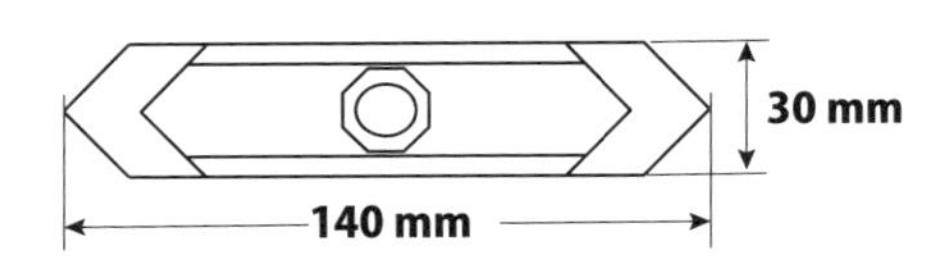

さあ，実験してみよう！

部屋を少し暗くして蛍光液中の光の道すじを見やすくしよう。

透明ホースの内側のかべで光がはね返っている様子がわかるかな？

ルミネサーベルを少し傾けてパイプの中のビー玉Bを動かしてみよう。光が集まる様子が変化するよ。

実験するときに，次の事に注意しよう。

①ルミネサーベルを強くふり回したり，たたきつけてはいけません。

②UVLEDの光を正面から直接見ないようにしましょう。

③蛍光液は飲めません。手に付いたら水で洗いましょう。

この後は，お父さんやお母さんと一緒に読んで，一緒に考えてください。

現代ではインターネットの広まりによって，データを速く遠くへ送る技術が必要になっています。その主力となるのが光通信です。光通信の多くは，光ファイバを使って光の信号を送っています。光ファイバのしくみについて考えてみましょう。

光ファイバのしくみ

光ファイバはガラスやプラスチックでできた糸です。外見は釣り糸のように見えますが，中心部のコアと呼ばれる層とクラッドと呼ばれる外側の層からなる2層構造になっています。光は，コアとクラッドの境界面で全反射してファイバの中を伝搬していきます。 光ファイバを使うと光の減衰（ロス）が少ないので，光を遠くへ送ることができます。

この工作では，コアに蛍光液，クラッドの代わりに透明ホースを使っており，光ファイバのしくみ模型としても利用できます。

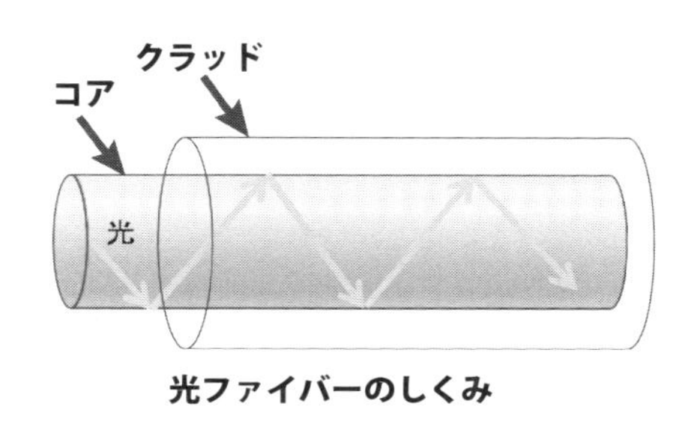

光ファイバーのしくみ

保護者の皆さんへ

蛍光液を透明なアクリル容器などに入れて，作ったブラックライトで照らすと水面境界での全反射現象やレンズの集光筋なども観察できます。そこで，ここでは光の道すじ観察用蛍光液の作り方を紹介します。

1）市販の蛍光インクをつかった方法

透明で水溶性の蛍光インクを水に少量溶かせば作れます。蛍光インクとしては，100円ショップで取り扱っている「キラキラシークレットペン」などがオススメです。本商品のインク芯を抜き出し，そのまま1～1.5リットルの水の中に入れ攪拌すればできあがりです。この商品にはブラックライトも付属しているので，すぐに実験をすることができます。

2）洗濯用粉末洗剤から抽出する方法

蛍光インクは洗濯用粉末洗剤からも抽出することができます。コーヒーフィルターの中に大さじ1杯程度の粉末洗剤を入れ，上からエタノールを適量注ぎます。濾過されたエタノールには洗剤に含まれていた蛍光成分が溶け込んでおり，これを蛍光インクとして使うことができます。なお，洗濯用粉末洗剤から抽出した蛍光インクは，ブラックライトを当てると青色に発光します。また，抽出に使用する洗剤は，成分表に「蛍光増白剤」と記載されているものを選んでください。

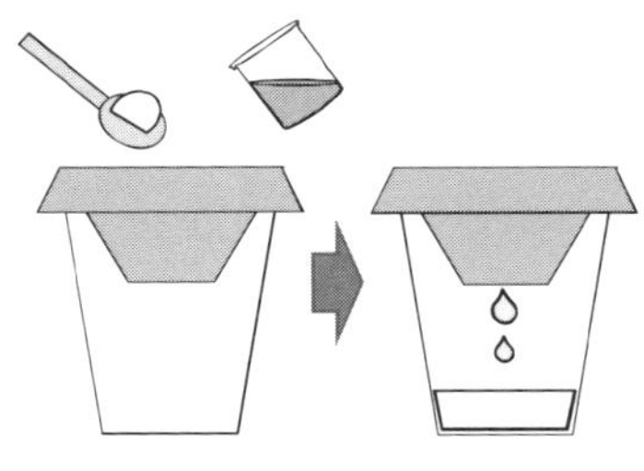

工作についての質問，原図（寸法），材料の入手先については巻末をご覧ください。

光の宇宙！LED万華鏡

3原色で点滅発光するカラフルなLED，鏡，そして回折格子フィルムを組合わせて，不思議できれいな光の宇宙を楽しむLED万華鏡を作ります。

LED万華鏡ってどんなものかな？

普通の万華鏡は，円筒の底にいろいろな形や色の小片を入れて，その反射光を鏡で何度も反射させた像を見るものですが，ここで紹介するLED万華鏡は自己点滅３原色LEDと2次元透過型回折格子を使います。また，その光を反射させるのに，四角錐の平面ミラーを使ったLED万華鏡を作ります。この工作の特徴は，2次元透過型回折格子フィルムを使うことです。これにより，LEDからの光が2次元に網の目の交点で光ります。

2次元透過型回折格子ってどんなもの？

平行な線を縦と横に多数彫ったフィルム。この2次元透過型回折格子フィルムに光を通すと，細かく彫った線によって，通過する光が回折し，強め合ったり弱め合ったりします。そして，光の波長で回折する光の方向が変わります。

どんな材料がいるのかな？　※印は巻末を見てください。

● 2次元回折格子フィルム　1枚

50 mm × 50 mm。1 mmに約200本の溝が刻まれた透明フィルムです。

● ボタン電池用ケース　1個

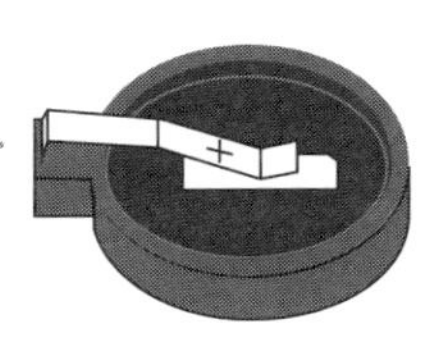

図のようにボタン電池を上からはさんでとめる形のもの（型番CH25-2032LFなど）を使います。

● リチウムボタン電池　1個

リチウムボタン電池（型番CR2032）を使います。

● 自己点滅3原色LED　1個

素早く色の変わる5 mm砲弾型自己点滅3原色LEDを使います。

● 紙コップ（205 mL）　1個

● 型紙※　1枚

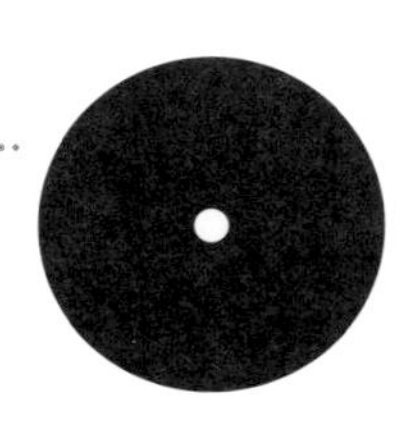

黒画用紙に直径50 mmの円板の型紙を写して，それを切り抜きます。円板の真ん中に直径6 mmの穴をあけます。

● 平面ミラー※　4枚

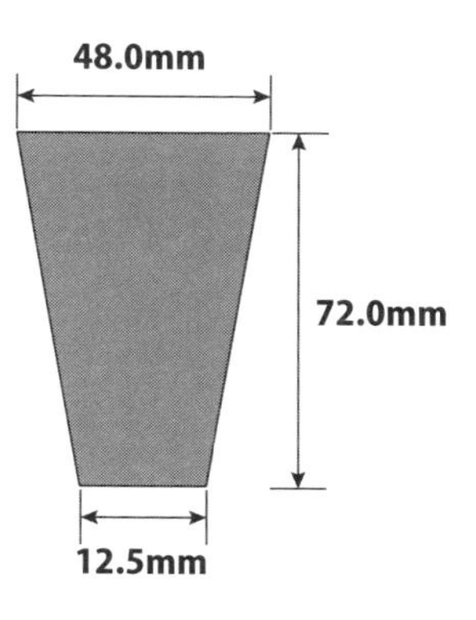

平面ミラーは曲がりにくいポリカーボネート製（厚さ1 mm）を使います。

● 窓用画用紙の型紙※　1枚

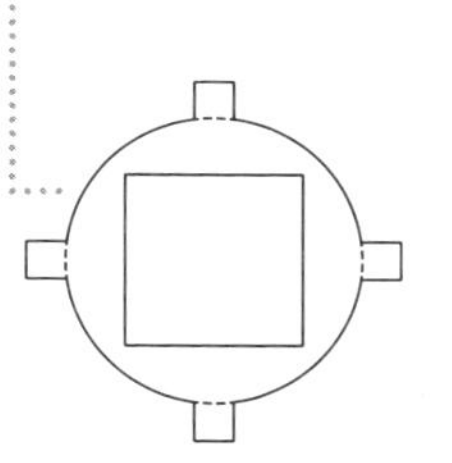

紙コップの飲み口につける回折格子の台紙です。40 mm角の四角い窓をあけます。直径は75 mmほどですが，詳しくは97ページを見てください。

どんな道具がいるのかな？

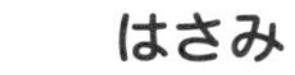

はさみ

セロハンテープ

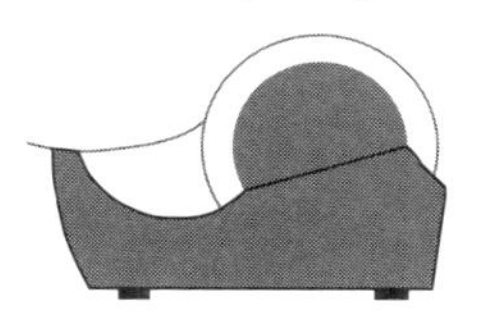

両面テープ

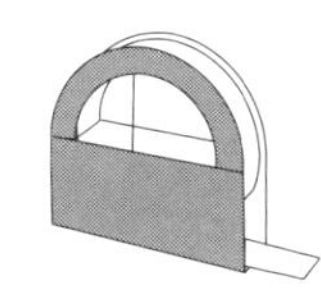

ビニールテープ

カッターナイフ

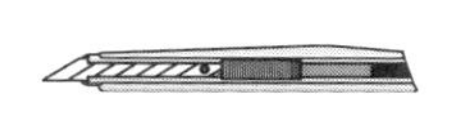

ラジオペンチ

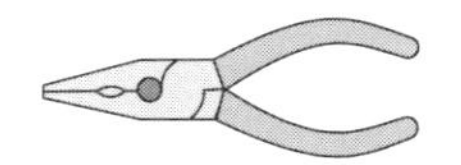

目打ち

ハンダごてとハンダ

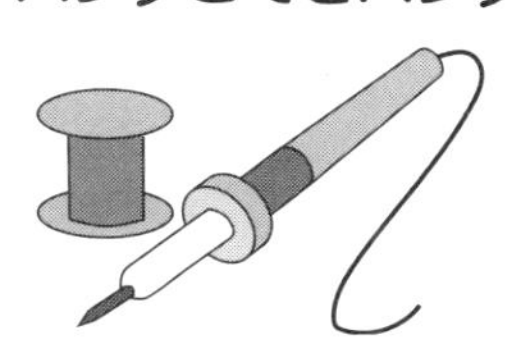

ゴーグル

さあ！　LED万華鏡を作ろう

黒画用紙から円板を切り抜きます。中心にLEDを通す直径6 mmの穴を目打ちであけます。

紙コップの底に両面テープを貼った円板を貼り付けます。

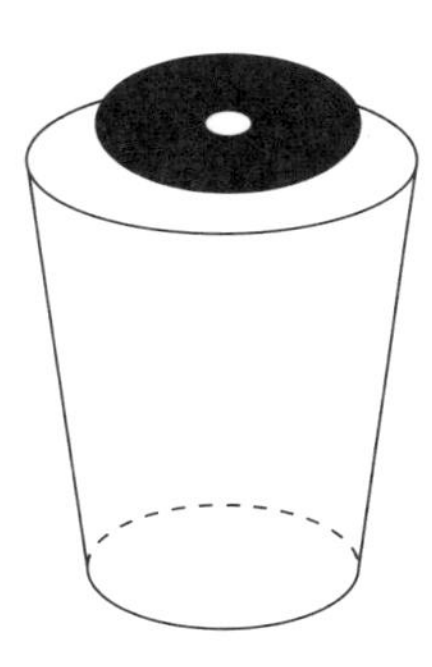

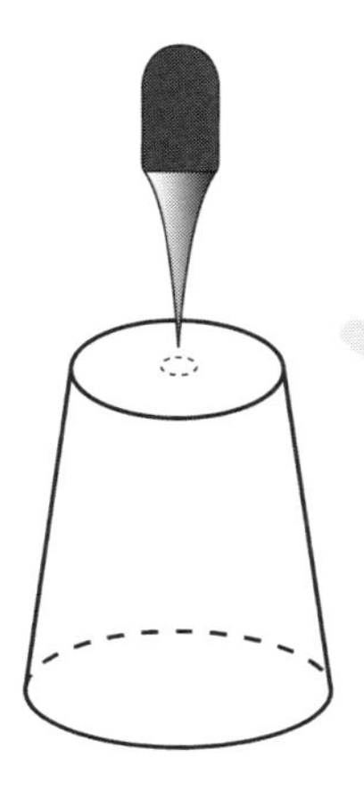

紙コップの底に直径6 mmの穴を目打ちであけます。

ボタン電池ケースを裏返し，LED の足をケースの電極にハンダ付けします。LED の長い足がプラス，短い足がマイナスですので間違えないように注意してください。

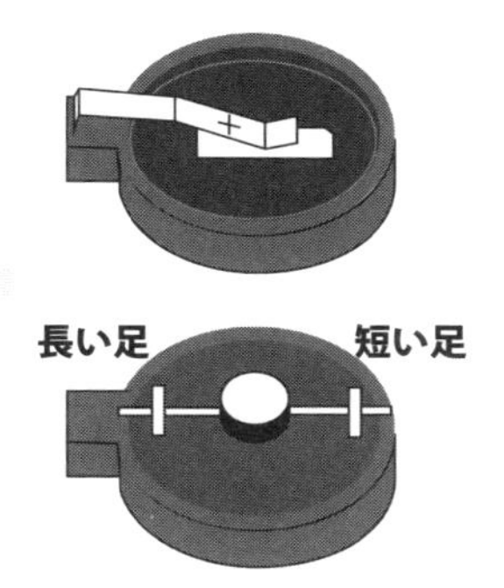

電池ケースにボタン電池を入れます。このままでは LED が光ったままになるので，ボタン電池くらいの大きさの紙カバーを作って，それをボタン電池と電極の間にはさみます。

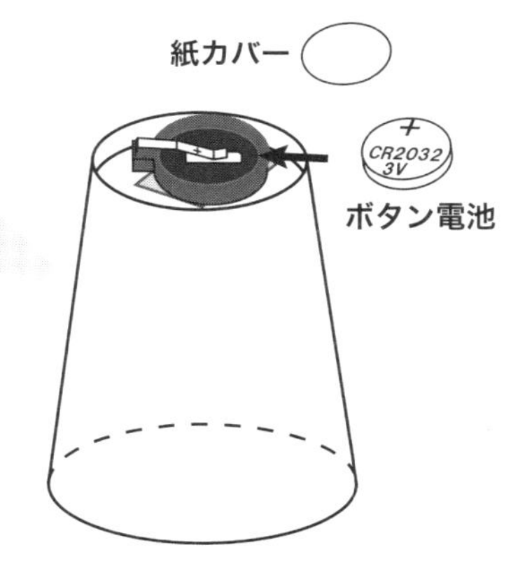

紙コップの飲み口に貼る回折格子窓枠を画用紙から切り抜きます。カッターナイフで 40 mm 角の四角い窓をあけます。

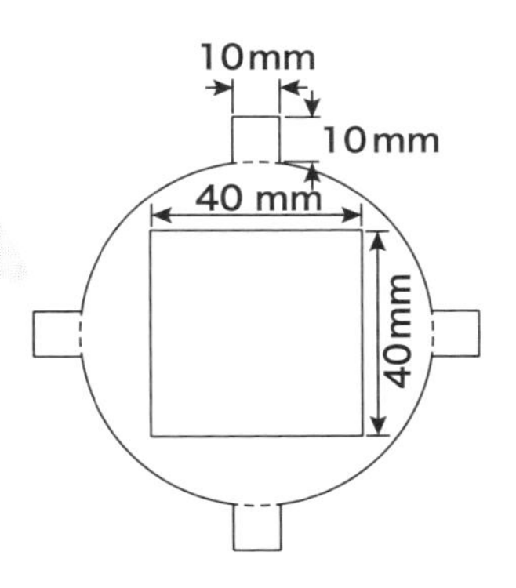

窓に回折格子フィルムをセロハンテープで固定します。

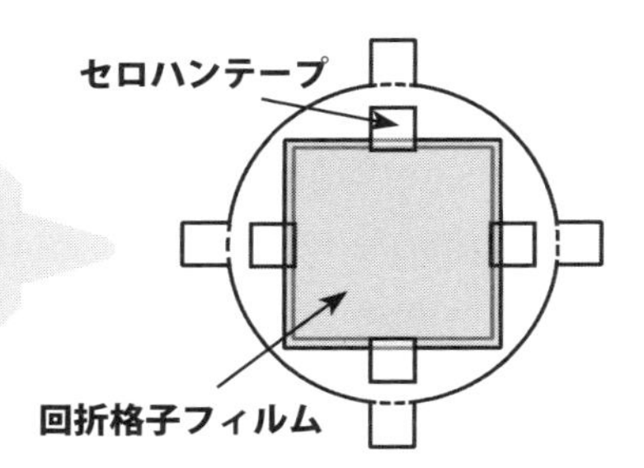

平面ミラーを図のサイズに４枚，切り抜きます。

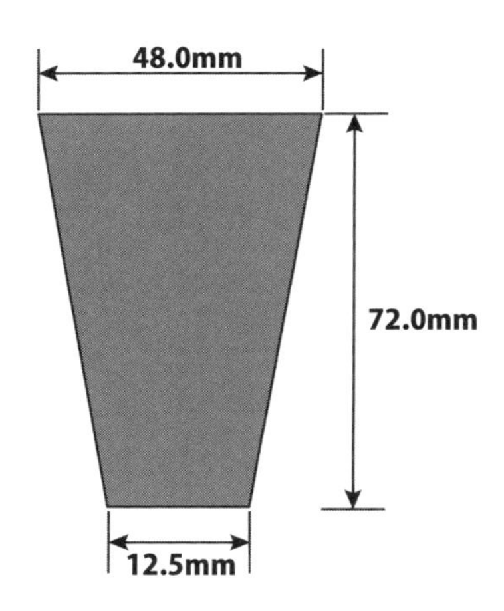

裏返した平面ミラーを４枚，セロハンテープで貼り合わせます。このとき，0.7 mm の隙間を作ります。

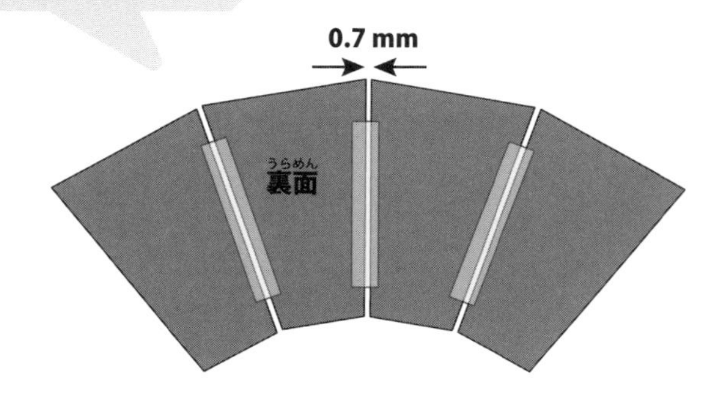

4 枚の平面ミラーを四角錐に組み立て，最後に残った辺をセロハンテープで貼り合わせます。

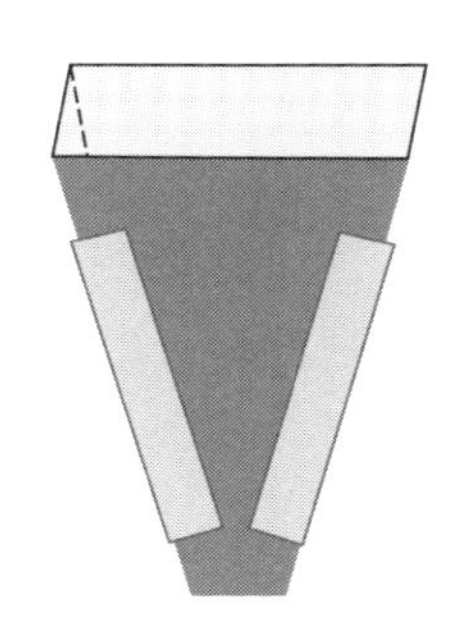

四角錐に組み立てた 4 枚の平面ミラーを紙コップの中に図の向きに入れます。

平面ミラーの下の四角い部分の真ん中に LED が来るようにすると完成したときに綺麗に見えるのじゃ。

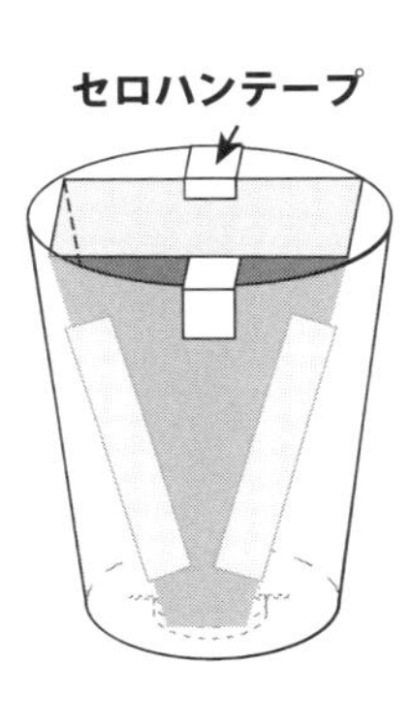

平面ミラーを紙コップにセロハンテープで固定します。

回折格子フィルムを貼った
窓枠を紙コップにセロハン
テープで固定します。

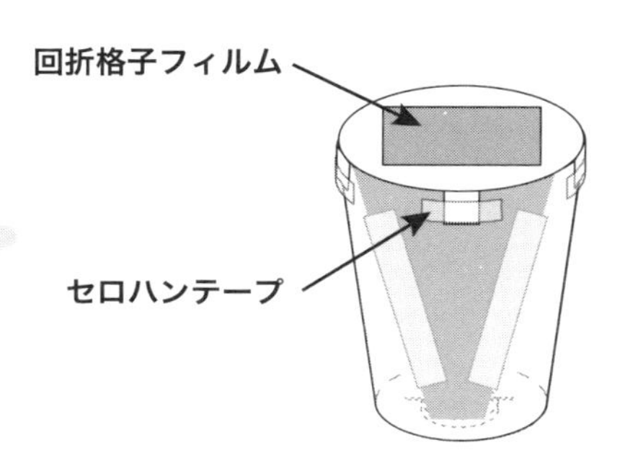

できたね！
ボタン電池の紙カバーを外して，
LED を光らせてごらん！

綺麗！
LED を光らせたら，
いろいろな光の点が見えるよ！
光の宇宙だね！

この後は，お父さんやお母さんと一緒に読んで，一緒に考えてください。

ボタン電池をセットしてLEDを光らせると，紙コップの中では3色に点滅するLEDの回りに無数のきれいな点滅する光の点が見えます。これが2次元透過型回折格子フィルムによる万華鏡効果で作られる光の宇宙です。

ここでは，四角錐型平面ミラーを使った工作を紹介しました。よくある三角柱ミラーの万華鏡では，互いに60度の角度で貼り合わされたミラーに光が反射して不思議な像が見えます。四角錐型平面ミラーの場合はミラーの根本が細く，手前で広くなっています。その効果はどんな形で現れるのでしょうか？

保護者の皆さんへ

ここでは四角錘ミラーを用いた工作を紹介しました。像の歪みを少なくするために，1 mmの厚さのポリカーボネートミラーを使います。

自己点滅LED（発光ダイオード）

最近のLED（発光ダイオード）の発達はすばらしく，出力も大きく（明るく）なりました。特に青色LEDの発達で，高速で大容量の情報処理が可能になり，光の3原色（赤，緑，青）発光や黄色の蛍光体と青色LEDの組合せで白色光の発光が可能になりました。LEDは消費電力が少なく，寿命も長いことから，照明器具，信号機やイルミネーションに多く使われるようになりました。ここでは，LEDの素子基板内にエレクトロニクス回路を組み込んだプログラム動作可能なLED（自己点滅型LED）を使います。

回折格子

回折格子はフィルム（透明な透過型と反射膜を使う反射型があります）に平行な線を多数彫ったものです。これに，光を当てると，（透過型では透過光に対して，反射型では反射光に対して）光の強め合う（干渉する）方向が光の波長（色）で変わります。ここでは，透過型回折格子で，線を縦・横2次元に（網の目のように）1 mmあたり200本の線を引いた透過型回折格子フィルムを使います。このフィルムを通して，3原色LEDの光を見ると，その周りに2次元に散らばった無数の3色に分離した綺麗なLED像が見え，光の宇宙を作り出します。

工作についての質問，原図（寸法），材料の入手先については巻末をご覧ください。

不思議な電磁シーソー

電磁シーソー

電磁石と永久磁石の力でシーソーが，ギッタンバッコンとリズミカルに動く楽しい工作です！

「不思議な電磁シーソー」ってどんなしくみなのかな？

電磁シーソーは永久磁石と電磁石の反発を利用して動きます。永久磁石にはネオジムという強力な磁石を使います。電磁石は絶縁皮膜つきの銅線を何回も巻いたコイルで，電流を流したときだけ磁石になります。シーソーが傾いてネオジム磁石とコイルがくっついたときに，コイルに電流が流れて磁石となって，ネオジム磁石が反発するようになっています。

「不思議な電磁シーソー」のもう１つの仕掛けとは？

ネオジム磁石とコイルがくっついた後に，反発でお互いが離れてしまうとコイルの電流がなくなって反発しなくなり，シーソーが十分跳ね上がりません。そこでネオジム磁石とコイルが離れても，しばらくの間は電流を流し続けるようにするためにコンデンサとトランジスタを使っています。

どんな材料がいるのかな？　※印は巻末を見てください。

● プラスチック段ボール（プラ段）　大小各1枚

（大）大きさ 25 cm × 12 cm にカットしたもの。

（小）大きさ 18 cm × 2 cm にカットしたもの。

● 単三乾電池用電池ボックス　1個

3 V 用でスイッチ，赤，黒のリード線付きを使います。

● 単三乾電池　2個

● 電解コンデンサ　1個

静電容量 470 μF（マイクロ　ファラッド），この値に近いもの。

● トランジスタ　1個

型番 2SC1815 を使います。

● ボビン巻きコイル　1個

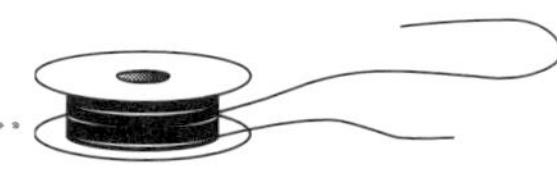

直径 0.35 mm，長さ 14 m の皮膜銅線をボビンに巻いたもの。

● 虫ピン　1個

長さ 2.5 cm 以上。針金でもだいじょうぶだよ。

● ネオジム磁石　1個

直径6 mm，厚さ3 mmです。

● ゼムクリップ　1個

特大サイズ（長さ5 cm）。小さいサイズのものを何個か用意しても良いよ。

● 金折（L型金具）　2個

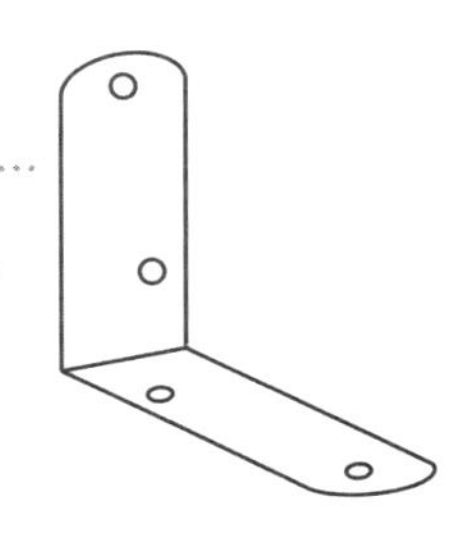

高さ約3 cmのところに穴（上の穴）があいているもの。ホームセンターで手に入るよ。
サイズは36 mmです。

● アルミ粘着テープ　2枚

幅15 mmです。長さ5 cmにカットします。

● 銅箔テープ　1枚

幅15 mmです。長さ17 cmにカットします。

● 導電性銅箔テープ　3枚

幅15 mmです。裏側にカーボン入りの糊が付いた，銅でできたテープです。長さ5 cmにカットしたもの。

● 飾りの猫とバネの型紙※

右の絵をコピーして猫を2枚，バネを1枚切り抜きます（原寸大）。

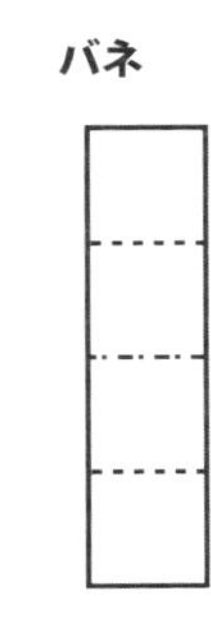

どんな道具がいるのかな？

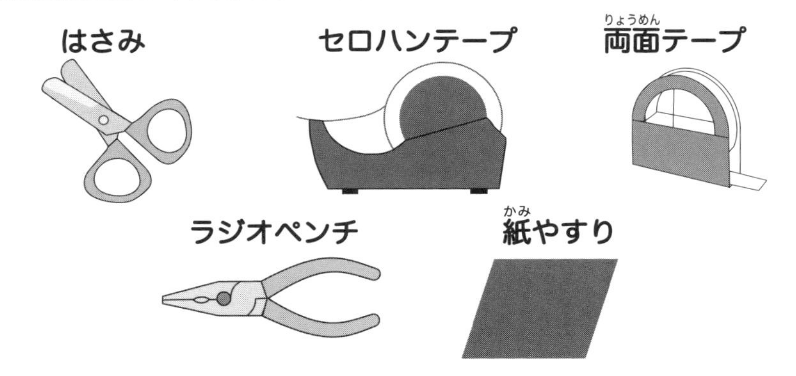

シーソーの台を作ろう

プラ段(大)の上にアルミ粘着テープを 2 枚貼ります。

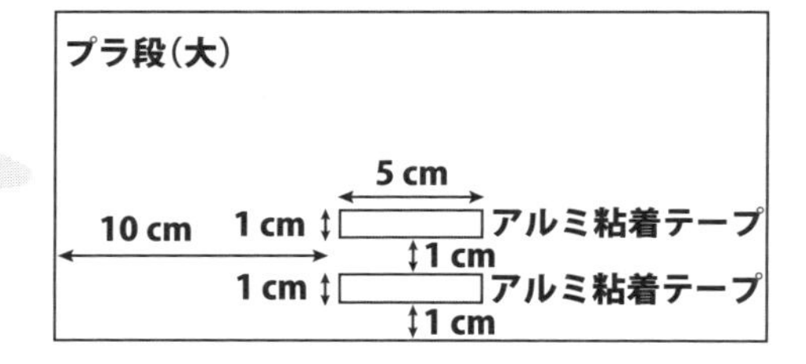

シーソーを上下させるしくみを作ろう

コイルの線の先から 12 cm と 2 cm の部分を紙やすりで絶縁皮膜を削ります。図の点線部分はしっかり削ります。

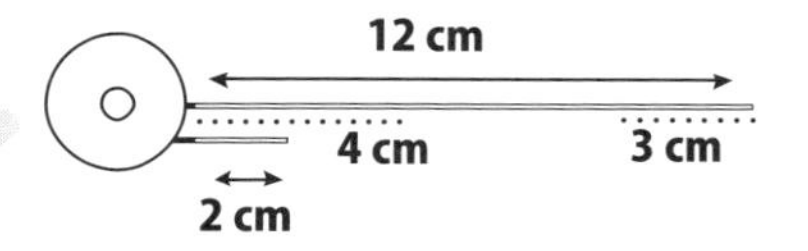

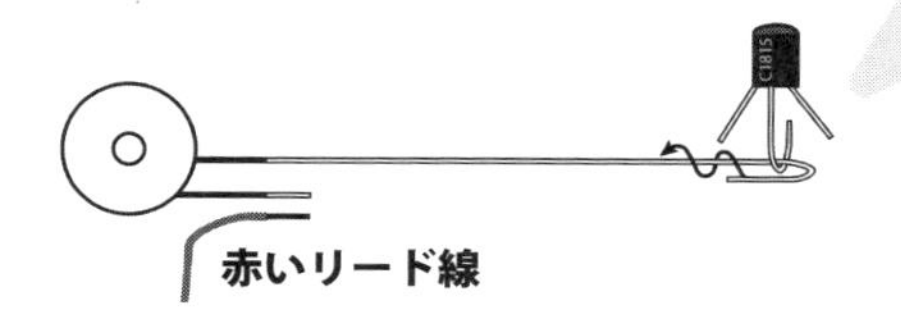

12 cm の線の先をトランジスタの真ん中の足に巻いてラジオペンチで絞めますもう一方の線(2 cm)を赤いリード線とつなぎます。

トランジスタの左の足に電池ボックスの黒線をつなぎます。

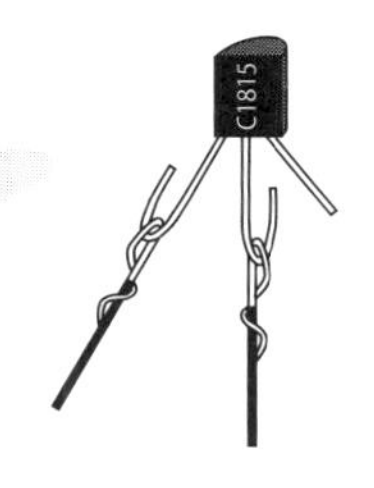

シーソーの台を組み立てよう

① 金折を上側のアルミ粘着テープの上に置きます。金折の先が下側のアルミ粘着テープに触れないようにします。

② 12 cm やすりがけしたコイルの線がコイルの穴の上を通るようにして折り返し，両端の部分をボビンにセロハンテープで固定します。

③ コンデンサの足をアルミ粘着テープの上に仮置きします。足の長さと向きに注意しましょう。

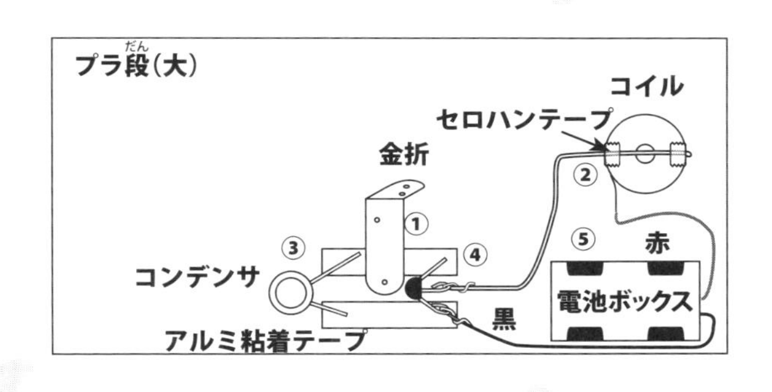

④ トランジスタの足をアルミ粘着テープの上に仮置します。真ん中の足がアルミ粘着テープに触れないようにします。

⑤ 右下のところに電池ボックスを両面テープでプラ段(大)に固定します。

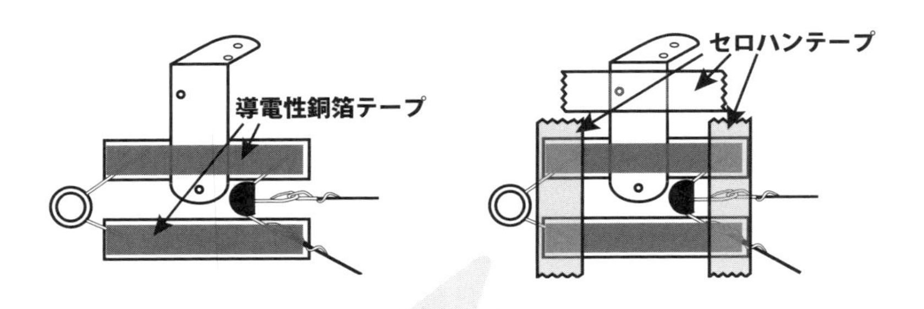

アルミ粘着テープの上に仮置きした各部品の位置を確認してその上に導電性銅箔テープを重ねて貼ってから，さらに３か所セロハンテープを貼ってしっかりと固定します。

シーソーを組み立てよう

プラ段(小)に，銅箔テープを右端に寄せて貼ります。

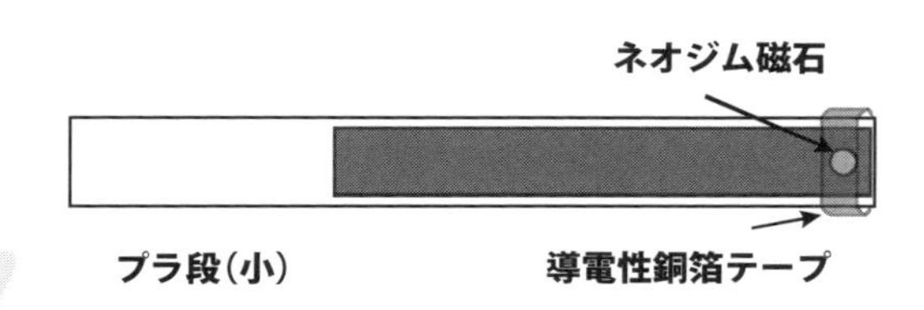

プラ段(小)の右端にネオジム磁石をのせて，導電性銅箔テープで巻くように固定します。

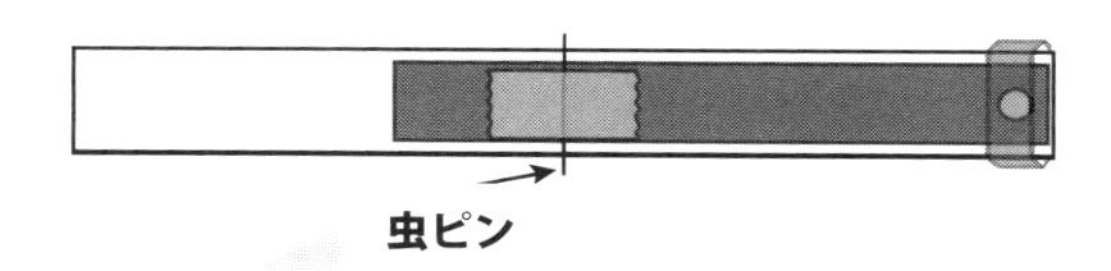

プラ段(小)の中心に虫ピンを置いてセロハンテープでとめ，虫ピンと銅箔テープがよく接触するように上からしっかりと押さえます。

金折を向かい合わせにして，仮置きしたら，金折の上の方の穴に虫ピンを通します。

金折の間隔をプラ段(小)の幅より少し広くし，プラ段(小)がスムーズに動くようにして，仮置きしておいた金折の先をセロハンテープでプラ段(大)に固定します。

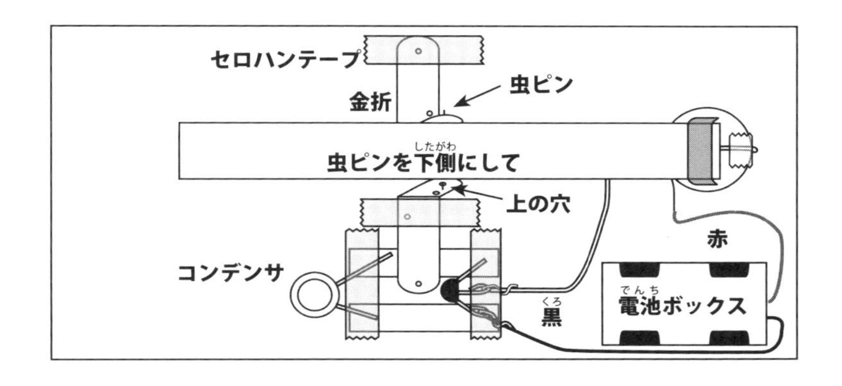

ボビンの穴の上にちょうどネオジム磁石がくるようにして，コイルのボビンをプラ段(大)の上に両面テープで固定します。

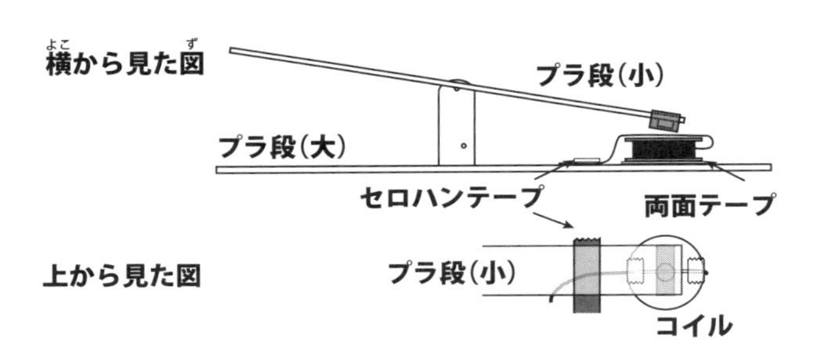

ボビンにとめた銅線とネオジム磁石に貼った銅箔テープがボビンの穴の上で接触することを確認して，トランジスタにつないだ銅線をプラ段(大)にセロハンテープで固定します。

バネを作ろう

コピーしたバネの型紙を切って，谷折り，山折りをしてバネを作ります。

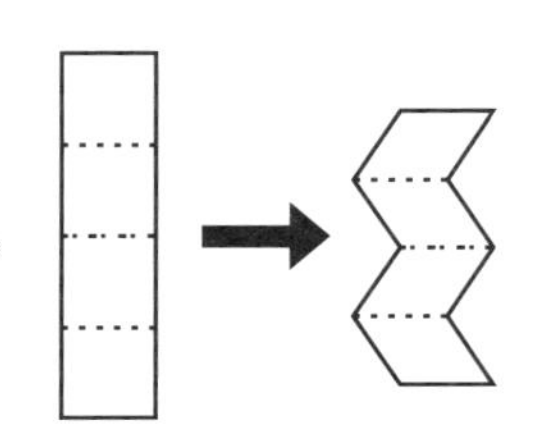

バネと飾りの猫を図の位置にセロハンテープで固定したら，
プラ段(小)が手を離すとゆっくり右に傾くような位置に，
おもりのゼムクリップをはさみます。

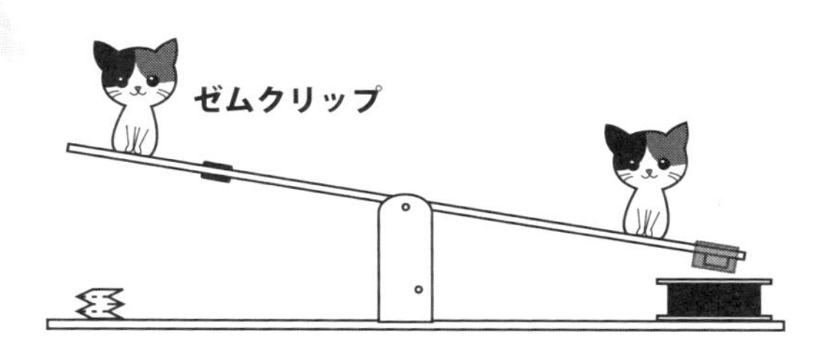

完成したわ！
乾電池のスイッチを
入れたら，シーソーが
ギッタンバッコンと
動いたわ！

ネオジム磁石の向き(裏表)
によっては，シーソーがコイルと
引きつけあったままになることが
あるのじゃ。このときは，
ネオジム磁石の裏表を
逆にしてみよう。

この後は，お父さんやお母さんと一緒に読んで，一緒に考えてください。

この工作ではトランジスタという素子を使っています。トランジスタがなかったらどうなるか考えてみましょう。

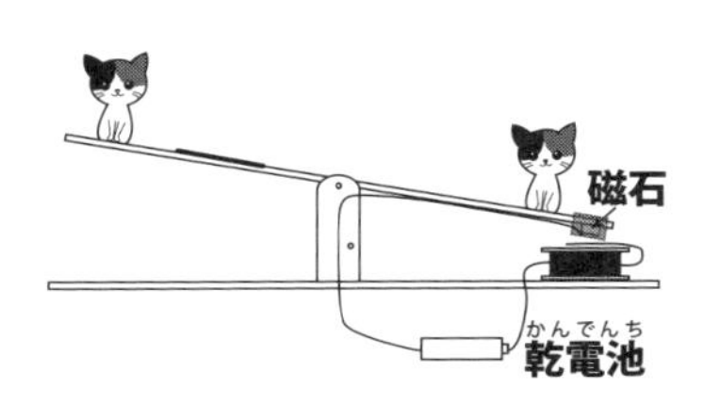

図のように，シーソーが右に傾いたとき，ネオジム磁石はコイルの銅線に接触します。このとき，乾電池からコイルに電流が流れコイルは磁石になります。そして，ネオジム磁石の下側がN極，コイルの上側がN極となったとき，互いに反発してネオジム磁石は上の方に動きます。しかし，ネオジム磁石がコイルから離れた瞬間にコイルに電流が流れなくなって反発力がなくなります。その結果，反対側に傾くための十分な反発力は得られません。

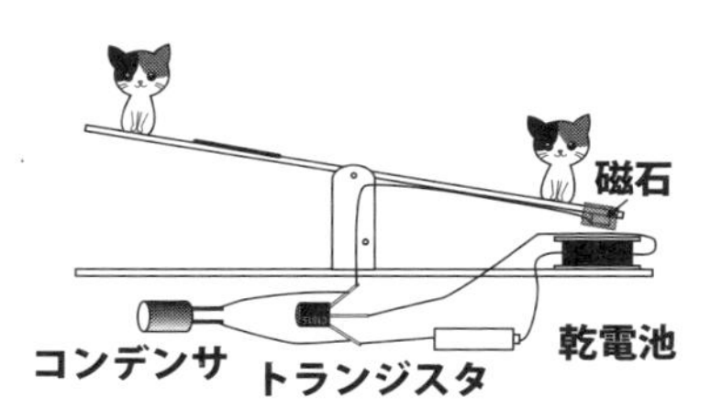

実際の回路は右図のようになっています。ネオジム磁石とコイルの銅線が接触するとコンデンサが電池とつながってコンデンサに電気がたまります。コンデンサは電池の役目をしてトランジスタのベース端子に電圧を加えます。するとトランジスタの性質からコレクタ端子とエミッタ端子がトランジスタ内部でつながってコイルに電流が流れます。ネオジム磁石とコイルが離れても充電されたコンデンサによってしばらくこの状態が続きます。時間が経つと，コンデンサは放電してベース端子の電圧が小さくなり，コレクタ–エミッタ間がオフの状態となって，電流が流れなくなりますが，その頃には十分な反発力が得られてシーソーが反対側に傾きます。

保護者の皆さんへ

この章では，工作実験を通して，てこのつり合いの原理を理解し，電磁石と電気の働きについて理解を深めるねらいがあります。

つり合いの原理

シーソーはゼムクリップと磁石の2つの重りがあります。重りの間にシーソーを支える支点があります。このようなてこを第1種てこと言います。支点からのそれぞれの重りの荷重の中心位置までの距離を L_1, L_2，重りの荷重を F_1, F_2 とすると，シーソーがつり合うためには，

$$L_1 \times F_1 = L_2 \times F_2$$

という関係が必要です。このシーソーは手を離すと右側に傾く必要があるため，つり合いの状態からゼムクリップを支点の方へ少しだけ動かします。また，猫の飾りは軽いため，重さがゼムクリップに対してほとんど無視でき，猫を動かしてもつり合いにはほとんど関係しません。

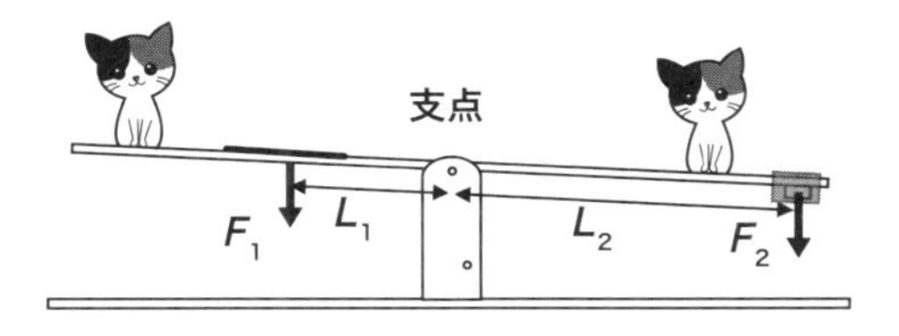

ネオジム磁石を直接持ち上げるには，磁石の荷重以上の力が必要です。しかし，このシーソーは，つり合いの状態から少しだけしかずれていないため，わずかな力でネオジム磁石を持ち上げることができます。実際のシーソーも，つり合いに近い状態であれば地面を蹴るだけで自分を持ち上げることができます。

トランジスタの性質

この工作ではトランジスタが重要な役目を果たしています。トランジスタは増幅作用とスイッチング作用がありますが，今回はスイッチング作用を利用しています。スイッチングとはスイッチをオン，オフさせることですが，私たちは，通常スイッチを手動でオン，オフさせます。トランジスタは電気

の信号で回路のオン，オフを行うことができます。トランジスタにはベース，コレクタ，エミッタという3つの端子があります。ベース–エミッタ間に電圧を与えると，コレクタ–エミッタ間がスイッチをオンした状態，すなわち短絡した状態になります。逆にベース–エミッタ間に電圧を与えない場合や十分な電圧(0.7 V)が印加されていない場合は，コレクタ–エミッタ間はオフの状態になります。

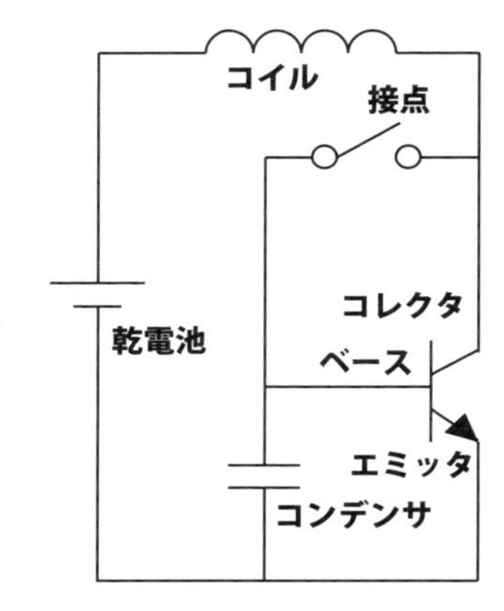

ネオジム磁石とコイルが接触するとベース端子には，電池のプラス極→コイル→ネオジム磁石→銅箔テープ→L型金具→ベース端子という経路で電圧がかかり，コレクタ–エミッタ間がオンの状態になります。この時，同時にベース端子に接続されたコンデンサにも電圧がかかり，コンデンサが充電されます。ネオジム磁石とコイルが離れた時，コンデンサの充電電圧によりコレクタ–エミッタ間はまだオンの状態です。この充電された電荷はベースからエミッタへ電流が流れて放電されますが，この電流が小さいため，ゆっくり放電されるので，コレクタ–エミッタ間が暫くの間，オンの状態のまま維持され，コイルに電流が流れ続けます。

コイルについて

コイルの銅線は皮膜付きの銅線でエナメル線やポリウレタン線と呼ばれるものです。釘などに巻きつける電磁石とは異なり，「から」の芯に巻き付けます。これを空芯コイルと呼びます。自作する場合はミシン用の樹脂のボビンに銅線を巻きつけます。銅線は太さ0.3 mm程度のものが扱い易いです。

工作についての質問，原図（寸法），材料の入手先については巻末をご覧ください。

LED音声光通信機に挑戦！

LED 音声光通信

LED（発光ダイオード）の光を信号源とした光送信機，光を受けるフォトトランジスタを光受信機とした簡単なLED音声光通信機を作ります！

光通信機のしくみはどうなっているのかな？

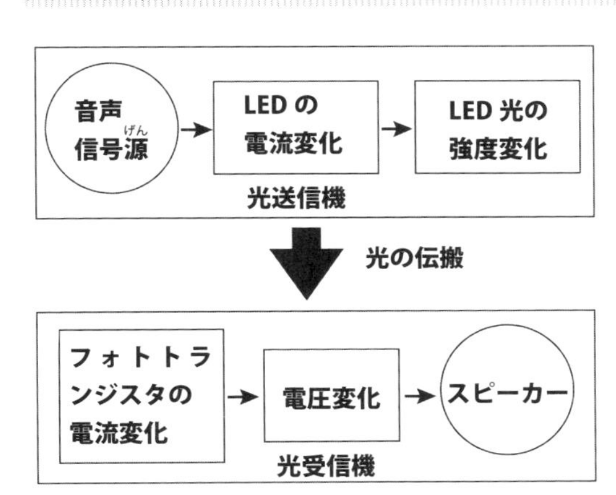

この章で作る光通信システムは光送信機と光受信機で構成されます。光送信機はメロディICで発生する音声信号（電気信号）をLEDに流れる電流の変化に変え，LEDの光の強さの変化に変えるものです。音の高さ，強弱に応じた光がLEDから空中に放出されます。光は空中を直進して光受信機に到達します。光受信機では到達した光をフォトトランジスタ（受光素子）で受け，光の強弱変化を電圧変化に変えて，ピエゾスピーカーを鳴らします。このように音の情報が光によって伝搬し，最後にまたスピーカーで音となって再現されます。

さあ、作ってみよう!
準備するものは何かな?

どんな材料がいるのかな?

● 5 mm砲弾型超高輝度赤色LED　1個

光ビームの拡がり角の小さいものを使います。

● フォトトランジスタ　1個

型番TPS-610，可視光用を使います。

● 5 mm LED用取り付けソケット　2個

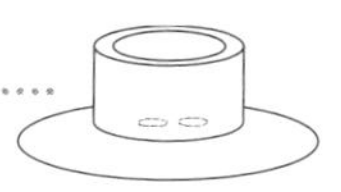

● 5 mm LED用円錐型リフレクタ　2個

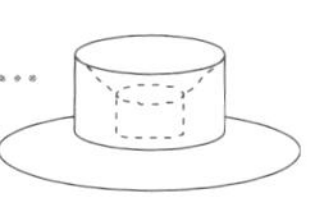

LEDの他にフォトトランジスタにも使います。

● メロディIC　1個

出力電圧が大きくて，メロディが連続的に繰り返されるもの（M66Tタイプ）を使います。

● 抵抗1 kΩ（オーム）（茶黒赤），1/4 W　1個

左から3本の色の帯が抵抗の値，1番右の色の帯はその誤差を示します。

● 抵抗10 kΩ（オーム）（茶黒橙），1/4 W　1個

● 円筒透明ケース（ふた付き） 2個

直径32 mm，長さ55 mm，ふたの中心に直径7 mmの穴を，そして本体の底の中心に直径12 mmの穴をあけます。

● 単三乾電池2個用電池ボックス 1個

スイッチ，リード線付きを使います。

● 単三乾電池 2個

● ピエゾスピーカー素子 1個

● 9V電池（006P） 1個

● 9V電池（006P）用スナップ電極 1個

● 紙コップ（205 mL） 1個

● ビニール被覆リード線（黄色と青色） 各1本

2本とも長さ約7 cmです。

どんな道具がいるのかな？

セロハンテープ

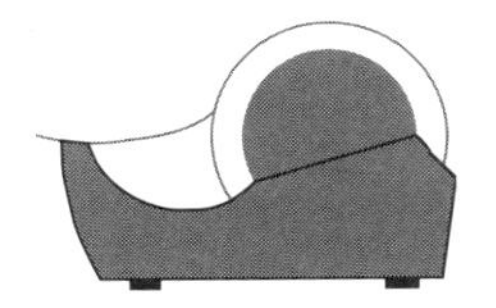

超強力両面テープ

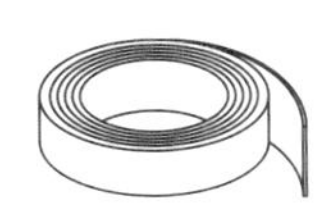

ラジオペンチ

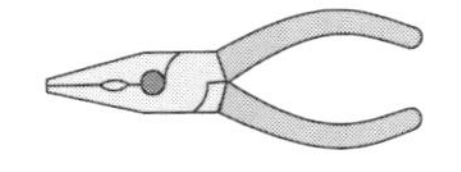

ハンダごてとハンダ

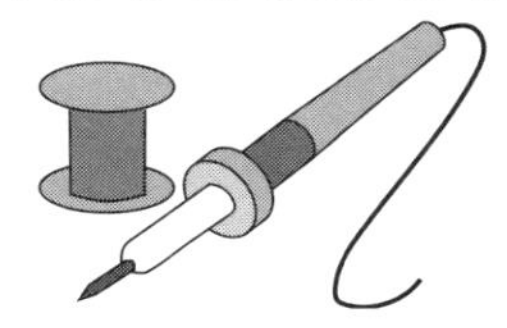

保護メガネ（ゴーグル）

光送信機を作ろう

図のように，メロディ IC の両端の足は左，真ん中の足は右に，それぞれ少し広げ，足の先を，IC が自立できるくらいにラジオペンチで曲げます。

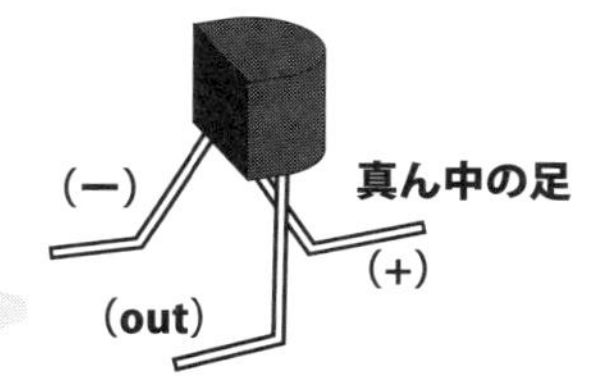

LED を取り付けソケットに差し込み，足を広げます。LED の足の長い方（+）と短い方（−）をよく覚えておきます。

LED，メロディ IC，1 kΩの抵抗，電池ボックスのリード線を図のように並べて配置して，①〜③ の 3 か所をハンダ付けします。

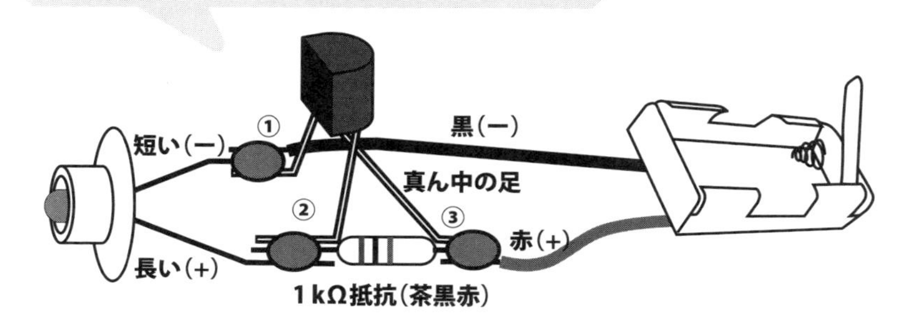

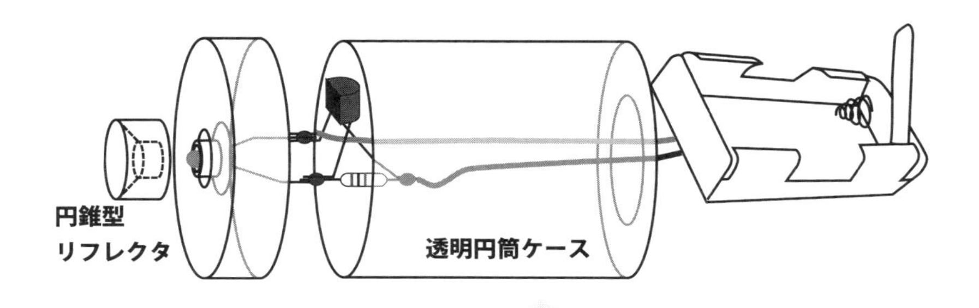

LED，メロディ IC，1 kΩの抵抗（ていこう），電池（でんち）ボックスが結線（けっせん）された回路（かいろ）を透明円筒（とうめいえんとう）ケースの底（そこ）の穴（あな）から入れます。取（と）り付（つ）けソケットはふたの穴に内側（うちがわ）から入れ，円錐型（えんすいがた）リフレクタに差（さ）し込んで固定（こてい）します。

電池ボックスの裏（うら）に透明円筒ケースを超強力両面（ちょうきょうりょくりょうめん）テープで固定します。

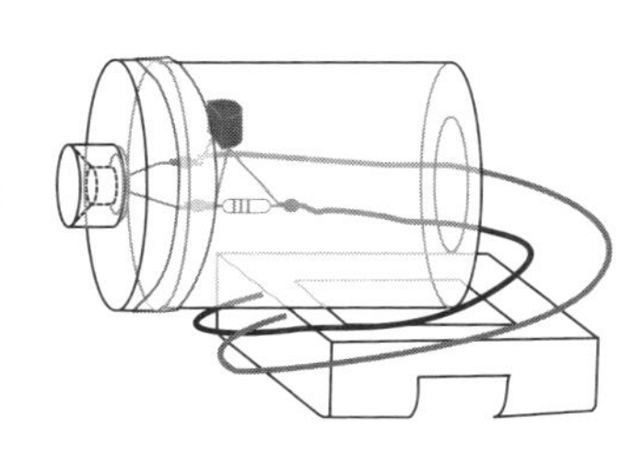

単三乾電池（たんさんかんでんち）を電池ボックスに入れてスイッチをオンにしたとき，LED 光（こう）の強（つよ）さが変化（へんか）していれば，送信機（そうしんき）の完成（かんせい）です。

電池ボックスのリード線を透明円筒ケースにセロハンテープで固定します。

光受信機を作ろう

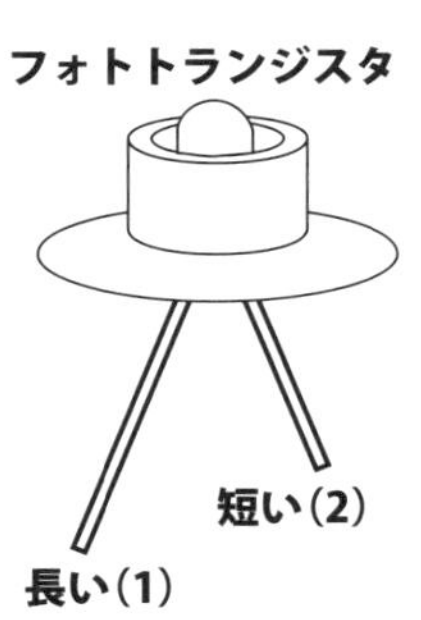

フォトトランジスタ(TPS-610)の2本の足を取り付けソケットの穴に差し込み，少し広げて固定します。

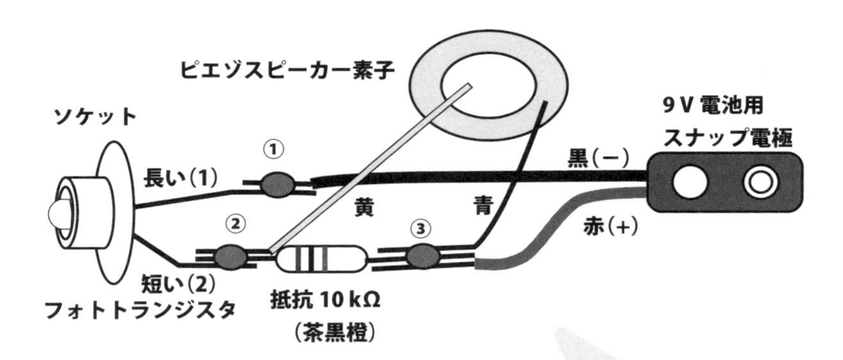

フォトトランジスタ，10 kΩの抵抗，9 V電池用スナップのリード線，ピエゾスピーカー素子のリード線を図のように並べて配置して，①〜③の3か所をハンダ付けします

もう少しで完成だわ！
頑張ろう！

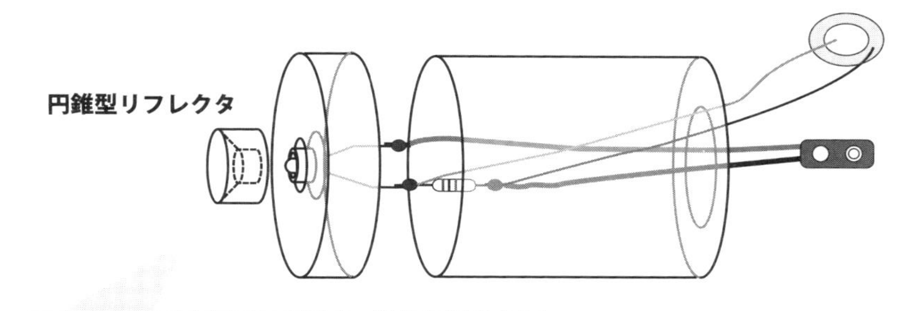

結線した回路を透明円筒ケースの底の穴から入れます。フォトトランジスタの取り付けソケットはふたの穴に内側から入れ，リフレクタに差し込んで固定します。

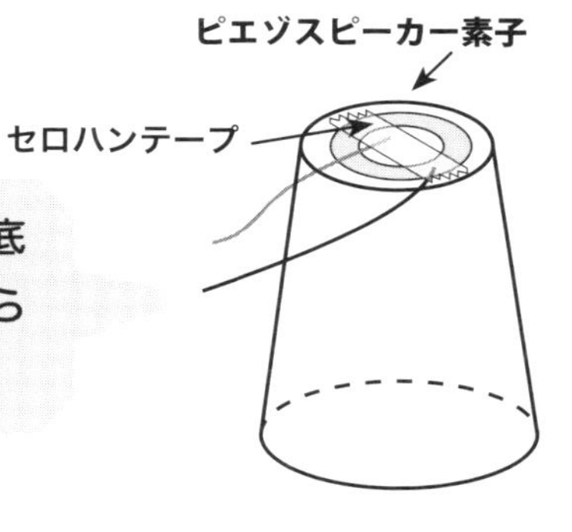

ピエゾスピーカー素子を紙コップの底に両面テープで貼り付け，その上からセロハンテープで補強します。

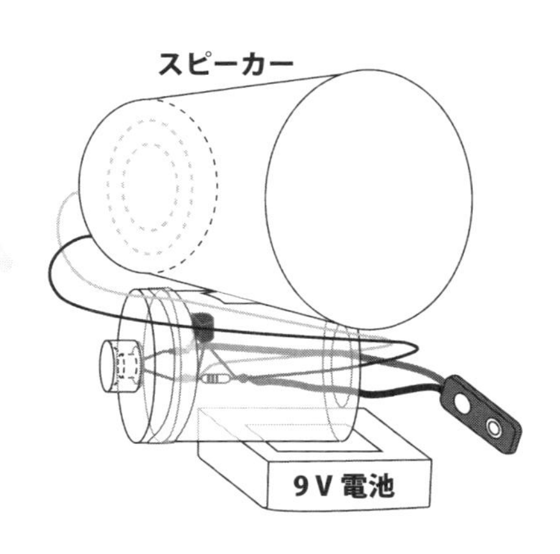

9V電池の上に超強力両面テープで光受信機回路を入れた透明ケースを固定します。その上にスピーカー(紙コップ)を貼り付けて完成です。

この後は，お父さんやお母さんと一緒に読んで，一緒に考えてください。

光通信実験をしよう！

スイッチを入れ，光送信機と光受信機を10 cmほど離して，向かい合わせます。光軸を一致させると紙コップから音楽が聞こえるはずです。距離を変えて実験しましょう。距離を長くすると極端に音が小さくなります。これはLEDから出る光が広がってフォトトランジスタに入る光の量が少なくなるためです。

さらに進んだ実験もできます。たとえば，プラスチック光ファイバ（太いファイバ）で通信してみると面白いでしょう。このとき，LEDと光ファイバおよび光ファイバとフォトトランジスタの結合が重要です。光ファイバ通信では，光送信機と光受信機の向きには関係ありません。ファイバがゆるやかに曲がっていてもかまいません。身の回りの物を使って光伝送の実験をするといろいろなことがわかると思います。試してみましょう。

メロディ ICについては，M66T-XXシリーズのようなものが良いでしょう。ここでXXは数字で，01はクリスマスメロディ，05はスイートホーム，09はウェディングマーチ，19はエリーゼのためにです。また，3本ある足は左からG（–），IN（＋），OUTです。

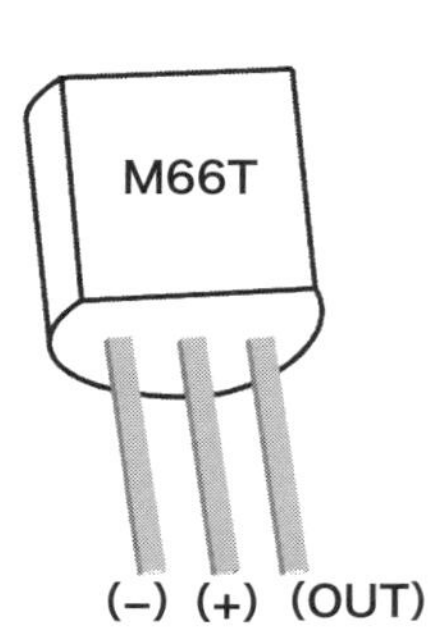

保護者の皆さんへ

電波（光）による通信の原理

電波による通信には，搬送波（遠くへ飛ばす電波）と信号（音声や映像など）が必要です。一般のラジオやテレビ放送は搬送波が数100 kHz（中波のラジオ放送）～数 GHz（超短波の衛星放送）にわたっています。携帯電話は1.5 GHzの搬送波が多く用いられています。搬送波が光の周波数の場合が光通信です。電磁波通信では，送信側は搬送波に信号を重畳させる必要があります。これを変調と言います。変調には搬送波の振幅を信号の振幅で変調する強度変調（AM変調），搬送波の周波数変化にする周波数変調（FM変調）等があります。最近は大量の信号を伝送し，雑音による影響を軽減するために符号変調（デジタル変調）も多く使われています。受信側では，搬送波から信号を取り出す必要があります。これを検波または復調と言います。これにも，それぞれの通信方式に対応する方法があります。

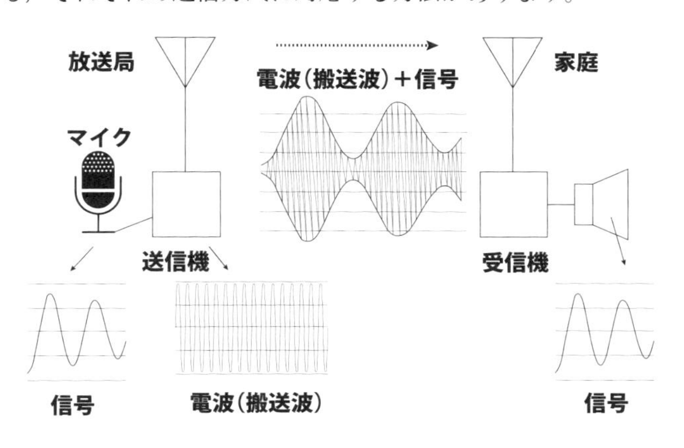

この章では，信号の強弱を光の強度変化に変えて通信する簡単なAM変調方式です。即ち，送信側は音声信号でLED（発光ダイオード）を流れる電流を変化させ，それによってLEDの発光強度変化に変換して（変調して）送信します。受信側では光をフォトトランジスタで受光し，信号に相当する光強度変化を電圧変化に変換して，スピーカーを鳴らせます。この電圧信号を（アンプを用いて）増幅すると音声信号を大きくすることができます。

実際に使った回路は下図の通りです。

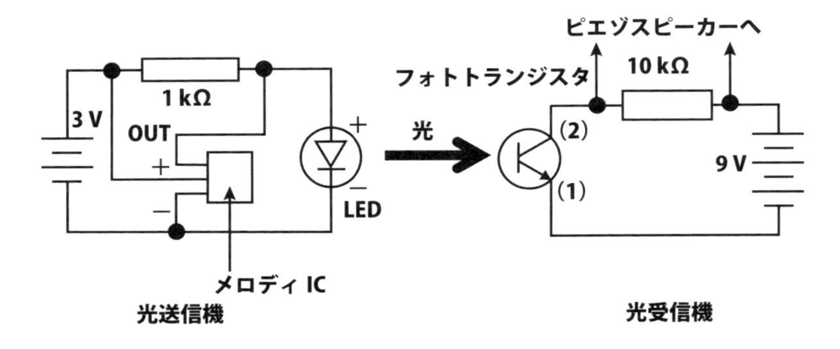

工作についての質問，原図（寸法），材料の入手先については巻末をご覧ください。

13 サイエンスアドベンチャー

宝探し

４つの暗号解読器を使ってチェックポイントを巡るオリエンテーリング。いくつかのチェックポイントでもらうキーをヒントに，クロスワードパズルを解いてゴールへ！

「サイエンスアドベンチャー」って，なあに？

4人でチームを組んで，科学館などで行うオリエンテーリングです。次の4つの解読器を作ったら，それを使って暗号を解読します。

(1) 透明文字解読器：LED（発光ダイオード）を使ったライトで，見えなかった文字が光って読めるようになります！

(2) 色文字解読器：偏光板と呼ばれる特殊なフィルムを貼った紙コップを回すと，暗号の文字がいろいろな色に見えます！

(3) ステレオ文字解読器：レンズを固定した2つの紙コップで見ると，暗号の隠された模様から文字が立体的に飛び出して見えます！

(4) 砂鉄文字解読器：磁石にくっつく砂鉄を入れた透明ケースを暗号の書かれた紙の上に置いてみると，黒い文字が浮かび上がります！

暗号で指定されたチェックポイントでクロスワードパズルのキーを受け取って，クロスワードパズルを解きます。4つのチェックポイントを回って，クロスワードパズルが完成したらゴールです。

どんな材料がいるのかな？　※印は巻末を見てください。

● UVLED（紫外線発光ダイオード）　1個

型番5YL5111A。紫外線を含む光が出るので，見つめないように。

● リチウムボタン電池　1個

型番CR2032。3Vのリチウムボタン電池を使います。

● 網戸押さえ用ゴムチューブ　1個

黒色，内径7 mm，長さ1 cmです。UVLEDにかぶせます。

● 型紙※　1枚

UVLEDとボタン電池を入れるケースの型紙です。

● UVペン　1本

暗号書を作るときに使う，目には見えない暗号を書くペンです。

● スライドガラス　1枚

理科実験に使うスライドガラスです。

● 偏光板　各1枚

35 mm × 35 mmと25 mm × 50 mmの2枚を使います。

● 透明プラスチックフィルム　1枚

書類を入れるのに使われることがある透明な袋です。

● 紙コップ（205 mL）　3個

● レンズ　2枚

直径45 mm，焦点距離220 mmのプラスチックレンズです。

● 透明ケース（ふた付き）　1個

直径が8 cmほどで，ふたと底が平らな透明の容器であれば使えます。

● 砂鉄　1 g

● ゴムシート磁石　1枚

5 cm角に切ります。ゴムでできたシート状の磁石です。

どんな道具がいるかな？

はさみ　セロハンテープ　両面テープ　カッターナイフ

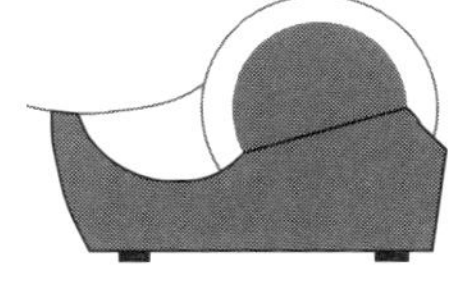

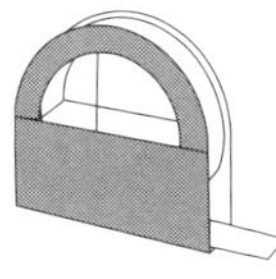

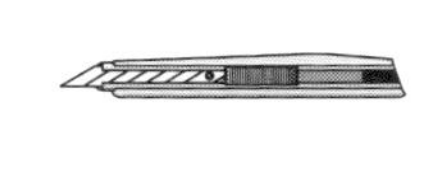

一穴パンチ　鉛筆　ステレオ文字作成ソフト

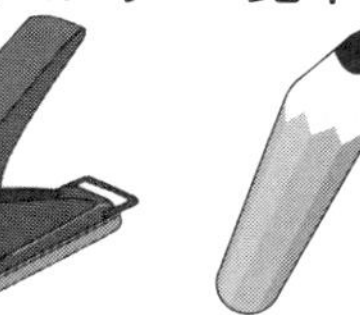

Windows用

http://www.vector.co.jp/soft/winnt/art/se403149.html

Mac用

http://3dtext-for-mac.jp.brothersoft.com/download/

透明文字解読器と暗号書を作ろう

透明文字解読器

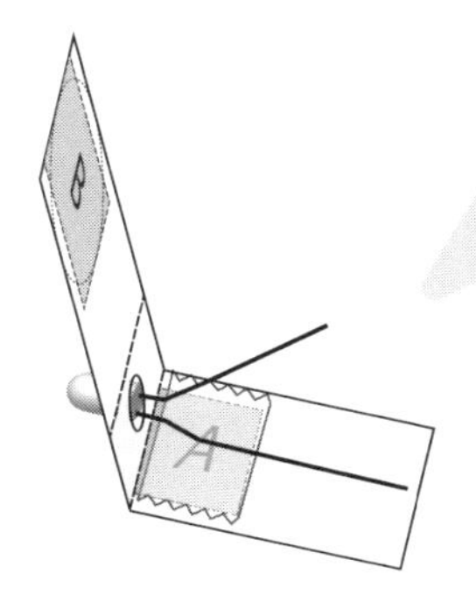

型紙を切り抜き，中心の円の場所に一穴パンチでUVLEDを通す穴をあけます。型紙に2か所(AとB)，図の位置に両面テープを貼ります。穴にUVLEDを通したら，その長い足を両面テープAの上に固定します。

UVLEDの短い足を両面テープBに貼り付け，その上からボタン電池のマイナス側をかぶせて固定します。

UVLEDにゴムチューブをかぶせます。

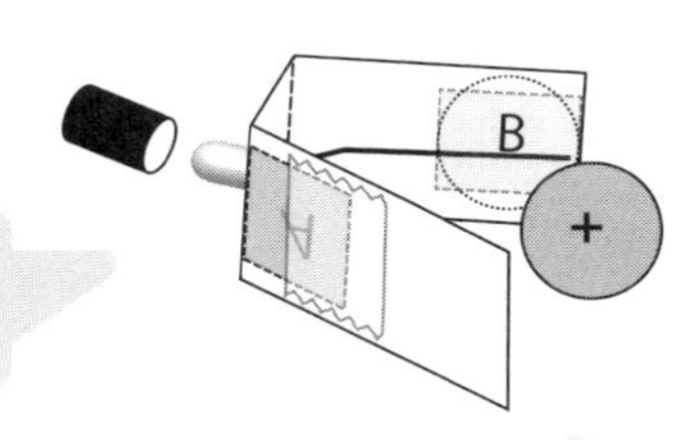

型紙を両側から押さえるとUVLEDがつきます。

透明文字暗号書

暗号書には，UVペンでチェックポイントのヒントを書いておきます。透明文字解読器で見ると数字が浮かんできます。

暗号書に現れた数字に，自分のチーム番号の数字を足して，その答えと同じ数字のチェックポイントを地図で探して行きなさい。

色文字解読器と暗号書を作ろう

色文字解読器

一辺35 mmの偏光板の両面に貼ってある保護フィルムをはがし，紙コップの底にあけた3 cm角の窓にセロハンテープで貼ります。

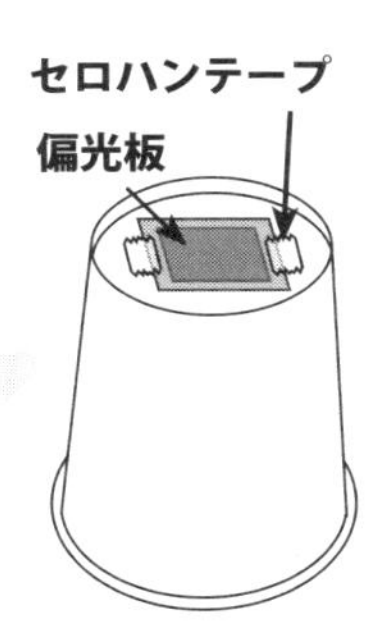

セロハンテープが窓より内側に入り込まないように注意します。

13 宝探し

色文字暗号書

透明プラスチックフィルムに対して角度を変えていくつかの数字を切り抜きます。

数字を偏光板の上に置いて，それをスライドガラスに貼り付けます。

指示された色の数字を色文字解読器で読み取る暗号書の例です。

暗号書の緑色の数字に，自分のチーム番号の数字を足して，その答えと同じ数字のチェックポイントを地図で探して行きなさい。

345

あれ？
色文字解読器で見ると，
透明だった数字が
カラーになったよ。

切り抜くフィルムの方向や
その材質によっていろいろな
色が見えるのじゃ。

ステレオ文字解読器と暗号書を作ろう

ステレオ文字解読器

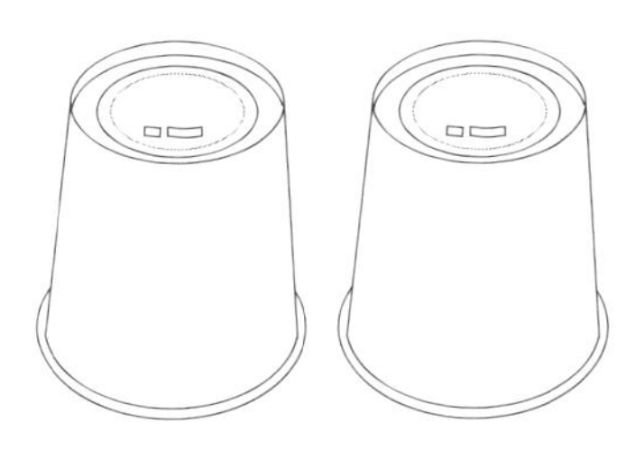

紙コップの底に直径 35 mm の円形窓をあけ，その横に両面テープを貼ります。その上にレンズを置いてくっつけます。これを 2 つ作ります。

ステレオ文字暗号書

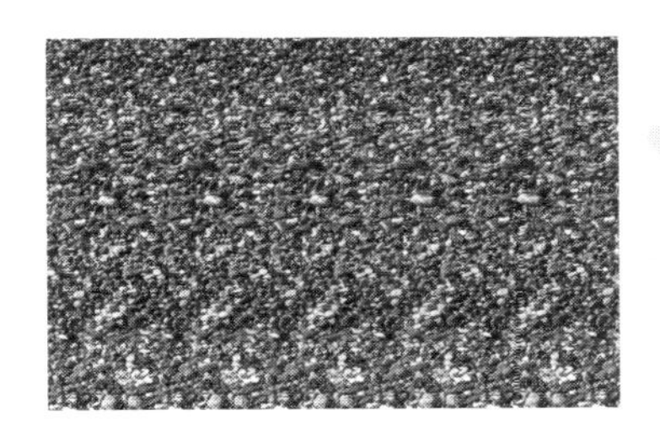

ステレオ文字作成用のソフトウェアを使って進むべきチェックポイントの数字を作ります。図では，『5』が書かれています。

ステレオ文字解読器で立体的に現れた数字を読み取る暗号書の例です。

暗号書に現れた数字に，自分のチーム番号の数字を足して，その答えと同じ数字のチェックポイントを地図で探して行きなさい。

13 宝探し

砂鉄文字解読器と暗号書を作ろう

砂鉄文字解読器

砂鉄を透明ケースに入れてふたをしたら，セロハンテープをふたの周囲に貼ります。容器を傾けても砂鉄がこぼれないように注意します。

砂鉄文字暗号書

薄いゴムシート磁石を切って作った『1』が厚紙の間に挟んである暗号書の例です。

暗号書に現れた数字に，自分のチーム番号の数字を足して，その答えと同じ数字のチェックポイントを地図で探して行きなさい。

1

ワーイ！
これで４つの暗号解読器が完成したよ。

保護者の皆さんへ

「サイエンスアドベンチャー」実施方法

児童の人数や会場の規模により，様々な実施方法が考えられます。ここでは，過去に静岡県浜松市の浜松科学館で実施した例を紹介します。

チーム形成

1人の司令官が，16人の児童を統率します。司令官は，4人1組のチームを4つ（1班～4班）結成します。各チームで，4つの解読器を，1人1個ずつ分担して工作します。

オリエンテーリング

科学館の各展示コーナーを番号付けしておき，それをチェックポイントとします。各チェックポイントには，キーパーと呼ばれるスタッフを1名ずつ配置します。

児童は，与えられた暗号書を，工作した解読器（どの解読器を使うかは自分たちで考える）で解読します。暗号書に記された数字のチェックポイントに向かい，キーパーからクロスワードパズルのカギを受け取ります。

クロスワードパズルを解いたらキーパーに確認してもらいます。答えが正しければ，司令官のところに戻り，次の暗号書を受け取ります。これを4回繰り返して，クロスワードパズルを完成させたらゴールとなります。この一連の過程をここではオリエンテーリングと呼ぶ事にします。

暗号書

1人の司令官に対して，透明文字，色文字，ステレオ文字，砂鉄文字の暗号書を1枚ずつ用意します。司令官は，各チームに1枚ずつ，別々の暗号書を配ります。

暗号書には，工作の例で紹介したように，1つの数字が含まれます。暗号書に現れた数字に，各チーム（班）の番号を足した数字のチェックポイントに行くので，複数の班が同じチェックポイントに重ならないよう工夫してあります。

クロスワードパズル

オリエンテーリングで使用したクロスワードパズルの例です。下のマス目（C, D, A, B）は，児童に渡す暗号書（A～Dの名前を付けておく）の順番と，渡したことを明示するためのチェック欄です。

クロスワードパズルのカギは，科学館の展示物に答えを見つけられるように設定します。本来はタテ・ヨコとも答えさせますが，時間的制約のある場合は，解答数を半分にするため，どちらか一方は，答えで埋めておくことにします。

以下はクロスワードパズルのカギの例です。

「①自然のコーナー」で与えるカギ

タテのカギ

4．口の中でタマゴを守る魚の名前は，○○○○ダイです。

ヨコのカギ

7．地震のしくみは海洋○○○○が大陸の下にもぐり込んで，もとに戻るときに起こります。

「⑤エレクトロニクスのコーナー」で与えるカギ

タテのカギ

1．○○○○○○○カーは，磁石で浮いた状態で高速に走ります。

ヨコのカギ

6．日本のテレビの父と呼ばれる，世界で初めてテレビ実験を成功させたのは，高柳○○○○○です。

工作についての質問，原図（寸法），材料の入手先については巻末をご覧ください。

工作材料の入手方法や原寸の設計図，写真，動画などについて

この本で紹介できなかった下記のいろいろな情報は次のホームページで見ることができます。

ホームページ

https://refresh-rika-book.jimdo.com

その際，専用のパスワードを入力しないと開けないページがあります。

専用のパスワード akirhserfer2018

① 材料の入手方法

② 完成した工作の写真

③ 動く様子が見られる動画

④ 寸法入りの設計図やカラーの図

また，これらはパソコンにダウンロードすることもできます。

高井吉明（たかい・よしあき）

略歴

1949 年　岐阜県に生まれる。
1976 年　名古屋大学大学院工学研究科博士課程後期課程修了。
現在　愛知工業大学大学院 客員教授。名古屋大学 名誉教授，
豊田工業高等専門学校元校長，同名誉教授。
（公社）応用物理学会東海支部諮問委員「リフレッシュ理科教室担当」。

作って，遊んで，理科がわかる！
続 身近な素材で楽しむ工作教室

発行日　2018 年 6 月 25 日　第 1 版第 1 刷発行

編著者……高井 吉明
発行者……串崎 浩
発行所……株式会社 日本評論社
〒170-8474 東京都豊島区南大塚 3-12-4
電話 03-3987-8621（販売）　03-3987-8599（編集）
印　刷……三美印刷
製　本……難波製本
装　幀……Malpu Design
本文デザイン……Malpu Design（宮崎萌美，柴﨑精治，陳 湘婷）

ISBN 978-4-535-78842-8